DE LA IDEA...!
AL ÉXITO!

Como crear tu
"Carpeta de Producción"
para cine y televisión

Verónica Ofelia Lozano Sandoval
Gilberto Mauricio Romero
Heber Francisco Chávez Herrera

Diseño editorial: Mary Renteria

Borderland Studies Publishing House310
S. Grama St 2
El Paso, Texas 79905, USA

DEDICACÍON

Este libro está dedicado a nuestros alumnos, de ésta y muchas generaciones que les antecedieron, por ser fuente de inspiración para mantenernos al paso de la vida, y con quienes me entusiasma seguir alimentando esa sed de conocimiento y continuar aprendiendo.

Agradezco el privilegio de ser parte de su formación. Este esfuerzo es para ustedes, mis alumnos en el aula, mis maestros de la vida, con quienes hemos vivido el devenir evolutivo de los medios de comunicación y juntos, somos testigos de los más grandes cambios, inimaginables para quienes nos precedieron en el camino.

VOLS

CONTENIDO

Cuando nos enseñaron las primeras letras nos exigían escribir sobre renglones, a veces dobles, para que con el ejercicio, nos ayudaran a obtener una escritura clara, regular, homogénea capaz de transmitir un mensaje.

La propuesta de este libro, De la idea... al éxito!, es la de guiar a los alumnos de Comunicación a crear su propia Carpeta de Producción. Ha sido el esfuerzo y dedicación de un grupo de profesores encabezados por el entusiasmo de la maestra Verónica Ofelia Lozano.

En tres grandes núcleos nos presentan los profesores a través de los once capítulos, los principales lineamientos para crear una Carpeta de Producción. En el primero, la maestra Lozano va desde los conceptos generales, la singularidad de la Carpeta, y a vuelo de águila la historia de la comunicación visual desde la antigüedad hasta nuestros días. De cómo ha adquirido preponderancia a una velocidad increíble. La importancia del guion, del capital humano: directores, actores, maquillistas y de todo el personal que colabora en la ejecución del proyecto.

El segundo núcleo lo aporta la experiencia del maestro Herber Francisco Chávez Herrera al presentar de una manera amena, clara y completa, hasta el último detalle lo que debe ser la Carpeta de Producción.

El tercer núcleo a cargo del maestro Gilberto Mauricio Romero es la parte vital de la Carpeta, el diseño de producción donde la propuesta creativa es el centro del documento. Además del diseño sonoro, la propuesta de la fotografía, el presupuesto, planeación, cronogramas y funcionamiento del equipo.

En suma, el libro ¡De la idea... al éxito! es un documento valioso, un instrumento útil para la formación de los futuros comunicadores audiovisuales. Muy pocos de esta calidad he encontrado en mis casi 40 años de magisterio universitario.

Dr. Francisco Javier Martínez Rivera, S.J. [1]

[1] Nacido en Guadalajara en 1935. Lic. en Filosofía y teología, Lic. en Letras, Maestría en Letras Españolas, Dr. en Filología Hispánica, Lic. en Comunicación. Director del Departamento de comunicación de la Universidad Iberoamericana 1997-1980, México, Director del Programa en Español para América Latina de la Radio Vaticano 1985-1994, Docente en la Universidad Iberoamericana ciudad de México 1968-1980, en el. ITESO, Universidad Jesuita de Guadalajara. 1981-85, 1994 hasta la fecha. Ha escrito varios libros de cuentos y poesía.

La forma de consumo audiovisual está cambiando, y las herramientas para la creación se amplían; sin embargo, el modo en que se produce el contenido ya sea para las salas de cine o para las plataformas digitales, realmente no ha cambiado mucho. Tanto el cine que se producía hace 100 años como el que se hace hoy, necesita de un diseño, una estructura y una planeación, sin importar el tamaño de la producción que deseemos emprender.

Este libro ofrece una guía clara de todas las etapas para la elaboración de una Carpeta de Producción, independientemente del tipo de proyecto que sea, y esa es su principal virtud, porque esta guía es una herramienta adaptable a la visión del creador, y su experiencia profesional; porque es, al mismo tiempo, una introducción para el aspirante a Cineasta y una bitácora para el Productor experimentado; se ajusta al modelo de Cine Independiente como al Cine Industrial, logrando llenar un vacío en la enseñanza de la creación audiovisual.

¡DE LA IDEA AL ÉXITO!, además de ameno, es un libro inspirador, y un gran aliado, que nos invita a desarrollar nuestras ideas con orden, claridad y estructura y nos alienta a materializar el sueño que tenemos en mente, abriéndonos posibilidades a partir de reconocernos como herederos de un poderoso medio donde caben todas las visiones, donde siempre hay un espacio y un modo para materializar la historia que necesitamos contar.

Juan Pablo Cortés
PRODUCTOR

¡De la idea...al éxito!

Carpeta de producción para cine y televisión.

El avance de todo hombre y toda civilización, es en proporción a su capacidad de comunicación.

Verónica O. Lozano

Introducción

Siglo XXI, el siglo de la comunicación. Desde épocas inmemoriales, el hombre ha tratado de abatir el tiempo y la distancia para comunicarse con rapidez y eficiencia. El recuento de eventos históricos que se registraron para alcanzar ese anhelo son incontables, y se relacionan con un abanico multidisciplinario sorprendente. Desde el descubrimiento del fuego para comunicarse a distancia, los cuernos de animales para emitir sonidos fuertes, el invento del lenguaje estructurado, las palomas mensajeras, los pergaminos, el invento del papel en sus múltiples formas, la imprenta, el estudio del comportamiento de la luz, la electricidad, el sistema Morse, el estudio del campo magnético del planeta tierra, las ondas Hertz, los cableados submarinos para la comunicación transatlántica, el telégrafo, el teléfono, la fotografía, el cine, la radio, la televisión, la computación y a la postre, el nacimiento de un sistema digital que rebasó la imaginación de las generaciones que nos precedieron.

Nosotros mismos somos testigos en estos momentos de vertiginosos cambios tecnológicos. De la avalancha imparable de inventos que saturan los mercados, ¡la imaginación es el límite! Ahora aún más sorprendente la incorporación de la IA, la inteligencia artificial que ofrece soluciones de lo más sencillo a lo más complejo y sobrepasa la ficción.

Es pues precisamente en este Siglo XXI que nos toca disfrutar las ventajas de miles de descubrimientos e inventos que crearon hombres y mujeres talentosos que nos adelantaron en nuestro paso por el tiempo. Sin duda somos personas que nos beneficiamos del fruto del trabajo de todos ellos y testigos de una carrera sin fin.

Este fenómeno revolucionó la comunicación, la instalación de satélites en órbita y la fibra óptica permitieron la apertura de miles de canales de medios de comunicación que rompieron esquemas tradicionales y ofrecen incontables opciones de programación a los consumidores. La gran demanda del "streaming" se vio rebasada en poco tiempo, y surgen a la par oportunidades a productores independientes de ofertar productos audiovisuales a las empresas distribuidoras de señales televisivas y cinematográficas.

La competencia misma obliga a ser cada vez más profesionales, a mejorar todos los sistemas para conectar con el mayor número de personas posibles. Ahora las audiencias se calculan en billones y con perfiles heterogéneos, que buscan satisfacer las más diversas necesidades en un polifacético mercado.

En la contemplación de este cambio tecnológico que impactó lo social, es que surge este proyecto, el ofrecer un libro sencillo, que sirva de guía a las nuevas generaciones que pretenden entrar en el interesante mundo de la producción de cine y televisión.

Este proyecto que hoy tiene en sus manos es una guía práctica para la elaboración de la Carpeta de Producción, también conocida como Portafolio de Producción. Es un documento fundamental en la industria del cine y la televisión, ya que reúne toda la información necesaria para la planificación, organización y ejecución de un proyecto audiovisual. Es utilizada por productores, directores, equipos técnicos y financieros para garantizar que la producción se lleve a cabo de manera eficiente y profesional.

El concepto de carpeta de producción surge con el desarrollo del cine industrial a inicios del siglo XX, cuando las productoras comenzaron a estructurar mejor sus proyectos para controlar costos y tiempos. Con la llegada de los estudios de Hollywood en los años 20 y 30, el proceso de producción se estandarizó, y la carpeta de producción se volvió una herramienta clave.

Elaborar este documento es esencial porque permite entre otras ventajas: presentar el proyecto a inversionistas y patrocinadores potenciales para obtener financiamiento, siendo el portafolio de producción, la tarjeta de presentación de relaciones públicas para promocionarlo. Además de organizar y planificar cada etapa de la producción, facilita la comunicación entre los involucrados en el proyecto. Su importancia es vital para la consecución del objetivo, ya que internamente en el staff, es un referente obligado para que fluyan las ideas, la información y se organice el trabajo de equipo de manera eficiente y con precisión cronométrica. Previene problemas sobre todo al momento del rodaje, ya que los errores cuestan, así que es indispensable planear para evitar retrasos e inconvenientes.

Una vez que se apruebe el guion y se analice la factibilidad de producirlo para un mercado meta, se presenta la urgente necesidad de dar forma a las ideas y ponerlas en blanco y negro, para ello se elabora la carpeta de producción.

Hoy en día, la carpeta de producción se usa en diversas etapas del proceso cinematográfico y televisivo: desde la etapa de preproducción para planificar el proceso, como mencionamos es esencial en la búsqueda de financiamiento, la obtención de permisos, casting y locaciones entre otras tareas previas. Posteriormente durante la producción o rodaje como guía y control del presupuesto, así como la organización del personal técnico, creativo y artístico. Por último, durante la postproducción, para la coordinación de la edición, la inclusión de efectos visuales, la cinta sonora y otros aspectos finales. No dejamos fuera la etapa de promoción y distribución del producto una vez terminado, que se debe "pasear" y lucirlo en festivales, proyecciones privadas para público específico, para negociaciones con distribuidores y generar estrategias de marketing que garanticen el éxito del trabajo conjunto.

Si bien no hay una fórmula mágica para la elaboración de la carpeta de producción, ni metodología única, si hay algunos documentos que consideramos importante incluirlos para someter la propuesta a alguna posible evaluación, entre otros destacamos: Guiones literario, técnico y gráfico, plan de rodaje, desglose del guion, presupuesto y plan financiero, plantillas de estudio o locaciones, contratos y permisos necesarios para el rodaje y referencias visuales, así como la propuesta del plan de distribución y marketing del producto.
De todos ellos damos cuenta en el contenido de esta obra, tratando de ser lo más genérico posible, ya que

se puede consultar para producir en el marco de diversos géneros y formatos.

Esperamos que esta guía le sea útil en la elaboración del portafolio de producción, pues reiteramos es una herramienta clave en el cine y la televisión, asegurando que cada propuesta se presente de manera profesional. A lo largo del tiempo, la carpeta de producción ha evolucionado, sobre todo con el tema de avances tecnológicos. En la actualidad, muchas producciones utilizan formatos digitales y software de gestión para organizar estos documentos de manera más eficiente.

Cabe mencionar el gran reto al que nos enfrentamos durante la planeación de este libro, y fue: como conciliar las diferencias entre la carpeta de producción para cine y la carpeta de producción para televisión. Finalmente el resultado fue que encontramos muchas similitudes y en base a ello trabajamos este contenido que les compartimos.

Sirva este espacio para agradecer a quienes nos hay apoyado a lograr la publicación de este libro. Al personal de Kinemática Academia de Cinematografía, a los compañeros de la Universidad Autónoma de Chihuahua, a nuestros alumnos que nos han acompañado a lo largo de décadas, viviendo en cabinas y estudios la transformación de los medios de comunicación de análogos a digitales, de contenidos familiares a contenidos especializados para todos los gustos y necesidades.

Dedico una mención especial al periodista Sergio Belmonte mi asesor personal y profesional, mi compañero de vida. Así mismo al productor Ricardo Ramos García, joven entusiasta originario de Ciudad Juárez, que nos compartió sus conocimientos y valiosas experiencias como productor de contenidos en

Estados Unidos de América, y destacó la importancia de hacer muy visual la propuesta de la carpeta de producción.

En lo personal agradezco a Dios, por regalarme
este intenso trozo de vida que me permite vivir
experiencias tan interesantes como la publicación de
este libro. Así mismo agradezco a mis maestros, que,
aunado a los conocimientos propios de la academia,
sembraron en mi la pasión por la comunicación en
todas sus formas, esa incomparable capacidad del
ser humano que nos diferencia de todas las otras
formas de vida y nos permite comunicarnos entre sí,
resultando en la construcción de un mundo de
culturas tan diversas como maravillosas, y de esto dan
cuenta precisamente el cine y la televisión.

M.A. Verónica O. Lozano

¡De la idea... al Éxito!

Como elaborar La Carpeta de Producción
para cine y televisión

Capítulo 1

CONCEPTOS GENERALES

"Lo más hermoso que te puede pasar
es cuando atrapas una idea que amas.
Las ideas están ahí, sólo hay que atraparlas"..

Christopher Nolan
Cineasta

Por: M.A. Verónica O. Lozano

La carpeta de producción es el documento vital de una producción. Es el cimiento de la obra audiovisual, el primer paso de un largo y arduo trabajo, cuyo resultado ha atrapado y fascinado a billones de espectadores.

La Carpeta de Producción también conocido como Portafolio de Producción es un documento que contiene los fundamentos troncales de la propuesta de una obra audiovisual. Describe a detalle, todos y cada uno de los elementos y procesos que conforman una producción televisiva o cinematográfica desde su concepción hasta su concreción.

El documento es la planeación del proyecto en su conjunto, se elabora en la fase de preproducción, momento en que se analizan todas las posibilidades de realizarlo, momento en que se definen los puntos clave a seguir para garantizar que la inversión en capital, tiempo y talento del capital humano, reditúen con creces al obtener y presentar el producto final.

Es prioritario mencionar que en un mercado altamente competitivo la presentación de este documento debe ser impecable, para destacar entre otros proyectos que pretenden posicionarse. El fin puede ser lograr financiamiento, ocupar un espacio en los tiempos de programación de algunas empresas televisivas o cinematográficas, o simplemente alcanzar el objetivo que se pretende.

La precisión en la redacción de sus textos, las imágenes que ilustran las ideas, el detalle fino en cada una de las secciones que lo conforman, son de suma importancia. Debe presentarse de forma impecable, "muy visual con imágenes que impacten" como nos recomienda el productor Ricardo Ramos. El documento debe reflejar el nivel de conocimiento, dominio del tema y compromiso de quien lo propone, generalmente el director o productor. Una simple falta de ortografía pondrá en riesgo la decisión de los juzgadores.

Toda producción profesional, transita por tres etapas: preproducción, producción y postproducción. Que refieren a planeación, rodaje y edición o montaje respectivamente.

Definitivamente no hay una "receta" para elaborar correctamente la carpeta de producción, pues, aunque fuera la misma propuesta, cada director o productor la ejecutaría diferente. Entonces partamos de la idea de que se le imprime un sello personal de principio a fin. De hecho, es uno de los premios más reconocidos en la premiación de cintas cinematográficas, la del director.

Como lo mencionamos anteriormente, la carpeta de producción se elabora en la primera etapa del proceso de producción, es la base para llevar a cabo exitosamente las otras dos etapas: la producción, que es propiamente el momento del rodaje y la etapa de posproducción o edición. La carpeta de producción guía y orienta al staff para saber lo que necesita crear o trabajar, además de coordinar cada uno de los momentos antes, durante y después de la ejecución de la obra.

La importancia de la planeación en el proceso de producción de televisión o producción cinematográfica es que involucra a un equipo de personas numeroso y todos deben trabajar en una sola idea desde varias disciplinas y tiempos. Es como una sinfónica: cada uno debe conocer a la perfección su partitura, su instrumento, los tiempos de la pieza y seguir la batuta del director. Es así como luego de preparación minuciosa se logra obtener un resultado exitoso; "una melodía armónica".

Otra de las ventajas, es que se minimizan riesgos que pongan en peligro la consecución del fin, es decir, la producción de la obra audiovisual. Como ejemplos: inclemencias del clima, costos que se salen de control, tiempos mal administrados, el ambiente organizacional entre participantes o circunstancias inesperadas.

Este documento se adaptará según la finalidad que se persigue o a quien se le va a presentar. Por ello se piensa en una versión simplificada para iniciar una negociación, y una vez autorizada servirá para todos los que participan en el proyecto.

Contenidos elementales de una carpeta de producción

Todo inicia con la elección de la historia a contar, es decir el guion. Esta es una de las decisiones más difíciles a las que se enfrenta un productor, director o de origen el guionista. Deben considerar varios aspectos: la expresión artística, la factibilidad técnica y las demandas del mercado. Deben ser creativos, originales e innovadores, pero también comprender qué es lo que la audiencia desea ver. Este equilibrio puede ser complicado, ya que una historia puede ser brillante, pero si no conecta con el público, corre el riesgo de pasar desapercibida. Bien, una vez tomada la decisión, manos a la obra.

Armar la carpeta de producción no es algo que se pueda hacer a la ligera, requiere planear meticulosamente hasta el más mínimo detalle, desde la selección del guion, tratamiento del tema, la exposición de las principales ideas, hasta la visualidad, es decir, el concepto desde lo general hasta el detalle fino de lo que se convertirá a imágenes y sonido.

El documento se organiza por secciones, cuyo número depende totalmente del concepto y del tipo de proyecto a realizar.

Secciones sugeridas que integran una carpeta de producción, que bien presentada nos permitirá ofrecer el proyecto a distintos personajes; potenciales inversores, patrocinadores, fundaciones, empresas, clientes, etc. Con el fin de tener herramientas para una mejor negociación, despertar su interés para llevarlo a cabo.

Principales Secciones

- Carátula/ Portada
- Presentación Ejecutiva
- Carta del Director
- Visión Creativa/Diseño de Producción
- Tema
- Tag Line/Slogan
- Premisa
- Sinópsis corta /larga
- Escaleta
- Justificación del tema
- Pertinencia del tema
- Diseño de personajes principales
- Sección de guiones: Literario, Técnico y Story board.
- Plan de rodaje (Cronograma)
- Resumen del presupuesto
- Plan de financiamiento
- Sección de Plantillas (escenografía, iluminación, movimientos de cámara, actores)
- Certificación de la cadena de derechos
- Capital Humano.
- Cartas de intención
- Contacto del productor / director / representante legal

Estas secciones se deben administrar paulatina-mente. Ofrecer y entregarlas a lo largo del proceso de negociación, ya que, de inicio -por protección del ofertante o solicitante- solo se ingresa información esencial en una primera entrega, evitando que se le dé mal uso al material compartido.

El número de secciones que lo conforman varía de acuerdo con la naturaleza del proyecto. Solo se incluyen las secciones necesarias. Por ejemplo: si se grabará solo digitalmente, en un estudio o en loca-ciones. ¿Se requiere de actores o será animación? ¿Si se incluye musicalización ya existente o se creará para este proyecto específico?

**Veamos a detalle en qué consisten
las secciones supra citadas.**

La Carátula

Es la portada. Debe ser atractiva y contener los datos esenciales de la propuesta, estos son: título (acreditando al guionista que lo escribió). Director o productor, duración estimada, fecha, género, formato de rodaje, fin/objetivo.

Es recomendable incluir una fotografía atractiva, emblemática -icónica del contenido- que ilustre la idea principal.

La Ficha Técnica

Es básicamente un recuadro que contiene los datos indispensables para identificar la propuesta, sin ninguna información adicional. estos son:

- Título
- Tag line/slogan (historia en una frase)
- Productor/director
- Duración (del producto audiovisual)
- Género
- Formato (del contenido)
- Fin/objetivo
- Clasificación de Audiencia
  a la que va dirigido

*El cine trata de lo que
está dentro del cuadro
y de lo que está fuera.
Martín Scorsese (cineasta).*

Carta Ejecutiva

Este texto es redactado desde un punto de vista personal y profesional por el director. Describe breve y claramente el planteamiento general de la propuesta, y establece su compromiso e intención de realización. Argumenta por que es un proyecto concreto, factible y viable. Esta sección de un promedio de tres cuartillas generalmente (esto es flexible), inicia con la sinopsis corta del guion, es decir una síntesis del contenido de la historia o propuesta. Así mismo se hace una valoración del tema, ofreciendo argumentos sobre la relevancia, justificación y pertinencia. Se pueden incluir algunos datos o estadísticas que sustenten el contenido a tratar. Se mencionan el tono, el género y formato. Así mismo describe el estilo artístico, la narrativa con la que se abordará, pues parte importante de esta sección es el diseño de producción.

El diseño de producción es la descripción estética y referencias visuales. Es la forma en que se trasmiten las ideas en la pantalla. Es el lenguaje cinematográfico o la sintaxis televisiva, la idea creativa, el concepto, las características únicas y específicas del proyecto. Se describe al protagonista y su papel en el corazón de la historia, Su perfil, virtudes y habilidades que darán vida al personaje.

Se desglosan los principales elementos de los lenguajes de la pantalla como: iluminación, espacio, movimiento, sonido, ritmo, cadencia, técnicas o efectos especiales importantes, etc. Se describe el plan de rodaje mencionando locaciones, tiempos aproximados, equipo necesario como tipo de cámaras, lentes, equipo de iluminación, escenografía, etc. Se menciona en el formato técnico (aspecto ratio) en el que se realizará por ejemplo: para cine o para plataformas digitales, etc. Por último, se mencionan el propósito e impacto que se pretende en las audiencias, ante la realización de esta propuesta que muy probablemente se presentará ante productores, inversionistas o distribuidores.

Justificación del tema

En este párrafo se explica brevemente por qué se está proponiendo el proyecto, exponiendo con argumentos sólidos y razones convincentes, la importancia de llevar este tema a las "audiencias objetivo" /mercado meta, para cumplir con el propósito de la propuesta.

Pertinencia del tema

Este texto se concentrará en explicar lo propicio de hacer el proyecto en el tiempo que se solicita. Es persuadir sobre la oportunidad de aprovechar la situación o el contexto ya sea local o global.
Es plantear la congruencia del tema y lo conveniente de tratarlo en determinado momento, y que la oportunidad garantiza ventajas muy favorables para los fines planteados.

Diseño de producción

El diseño de producción de una obra cinematográfica o de televisión, se refiere al proceso de crear el entorno visual y la atmósfera de la película. Es la forma en la que se cuenta la historia para conectar con el público, para que se comprenda, trasmita y emocione. Incluye la descripción estética, estilo artístico, referencias visuales y auditivas, siendo este un punto toral del documento. En él se detalla todo lo relacionado con la sintaxis televisiva, o lenguaje cinematográfico, es decir, la composición visual (planos, movimientos, perspectivas de cámara, etc.), escenografía, los decorados, utilería, en general lo que se verá en pantalla. Se define la paleta de colores a utilizar, la iluminación, locaciones, el ritmo o cadencia, la cinta sonora, etc. El diseñador de producción trabaja en estrecha colaboración con el director y otros miembros del equipo para asegurarse de que el aspecto visual de la película apoye la narrativa y el estilo deseado. Es una parte fundamental que ayuda a contar la historia de manera efectiva y a sumergir al público en el objetivo propuesto.

Sinopsis Larga

Esta sinopsis es más detallada que la sinopsis corta de 140 palabras. La sinopsis larga es un resumen atractivo donde se describe el conflicto o incidente principal que genera la historia a tratar, brindando una idea clara del concepto, el tono y el enfoque narrativo del proyecto. Un resumen que describa el planteamiento, el contexto, el desarrollo de la historia con sus nudos principales, que permita conocer al protagonista y sus necesidades o deseos.

Sección de Guiones

Guion Literario

En esta sección se anexan los tres tipos de guiones indispensables para la planificación de un proyecto audiovisual, sin importar a través de qué medio se va a trasmitir: televisión o cine, o medios digitales.
Partamos de la premisa que la concepción principal del guion es la sincronía entre la idea y el texto. Iniciamos con el **guion literario.**

El guion literario es el contenido propio de la obra, ya sea que fue creada como guion (creación específica para medios audiovisuales) o bien como obra literaria que se adaptó posteriormente para ser trasmitida en pantalla. Consiste en la descripción de escenarios, contextos, diálogos y acciones de los personajes, etc. Su presentación tiene formas muy celosas, se redacta en un formato muy específico, habrá que apegarse a él para ser competitivo en un mercado global.

Consideraciones y diferencias entre guiones para cine y televisión.
A diferencia del cine que permite su propio ritmo de producción, la televisión se enfrenta a la ineludible inmediatez del género periodístico, cuyo ejercicio, requiere de otros esquemas y planeación, "sobre la marcha". No es predecible, ya que se trabaja a partir de la información que se genera momento a momento.

Así mismo cabe mencionar que algunos proyectos televisivos se trabajan con un guion genérico, que se va adaptando según la información cotidiana que surja diariamente. Tal es el caso de programas televisivos de formato de noticiario, de revista, de "talk show" o bien todos aquellos cuyos contenidos son espontáneos e impredecibles.

Guiones o redacción para noticiarios se trabajan "sobre la marcha".

Guion Técnico

En segundo lugar, mencionamos el guion técnico. Este es un documento muy interesante que escribe el director. Es el proceso creativo de diseñar y convertir coherentemente, las ideas y palabras al lenguaje audiovisual. Es convertir el guion literario a guion técnico, es decir a planos, movimientos, posiciones y perspectivas de cámara. Es convertirlo a sonidos como la palabra, música, luces, colores, efectos especiales. Es el momento sublime en que la creatividad del director aflora y genera la magia con su estilo visual. Reflexiona, hace anotaciones, dibuja bosquejos, atrapa las ideas que papalotean en su mente, se agita, se tranquiliza y al final ofrece la propuesta maestra a la que todos habrán de ceñirse.

Guion Gráfico

El tercer guion que mencionamos es el guion gráfico conocido como Story Board. Básicamente como su traducción lo indica, es una historia a través de imágenes. Su base son recuadros que representan la forma de una pantalla, en ellos se sintetiza la historia o proyecto propuesto. Las imágenes deben reflejar la estructura del guion literario. De hecho, una decisión muy acertada, es basarse en la escaleta, que es un orden cronológico de la historia. Se rescatan el planteamiento, el conflicto incitador, los nudos, el clímax y el final. Así sin presentar detalles se empatan criterios inmediatamente entre los participantes o posibles patrocinadores del proyecto. Se pueden elaborar como simples trazos improvisados, como un dibujo bien detallado, en blanco y negro, a color o en fotografías que revelan la fidelidad de la idea a la historia.

El plan de rodaje debe ser cuidadosamente planeado de origen. Esto reditúa en eficientar tiempos y recursos.

Plan de producción

En el plan de producción, también conocida como plan de rodaje, el reloj lo es todo. Es la administración del tiempo con la mayor eficiencia y eficacia posibles. Es el diseño de la calendarización de actividades de la producción, para cada "día de llamado". Es una ruta crítica para sincronizar tiempos y tareas, a fin de establecer una estrategia que nos permita controlar el trabajo de este tipo de proyectos multidisciplinarios, y que se realizan con una numerosa plantilla de capital humano. Se organiza según el tiempo disponible o necesario, variable en cada proyecto. Señala en qué días se van a grabar las secuencias del guion, considerando locaciones, distancias, climas, etc. Puede planearse según disponibilidad: en días, semanas, meses o años, pero se acota y se ajusta según la necesidad en cada proyecto.

El estudio de televisión, espacio diseñado específicamente para trabajar en control de iluminación, audios, tiempos y otras ventajas que no se dan "in situ".

Resumen del Presupuesto

Esta es un área muy sensible, una de las más delicadas y difíciles de elaborar. De hecho, es de formato libre, ya que no hay **una sola forma de hacerlo** dada su complejidad y los proyectos heterogéneos marcan la pauta de cada uno. La planeación dirige hacia una buena administración, donde los gastos fuertes o bien el flujo de caja con pagos constantes, se sujeten a un control que mantenga finanzas sanas en el proyecto. Destacamos uno de los consejos más valiosos de expertos en este tema, es que debes dejar claro que sabes lo que estás haciendo y no es un documento improvisado. Más adelante, dedicamos una sección amplia para tratar este tema como se requiere, a fondo.

La planeación del financiamiento de cada proyecto se vuelve un tema toral. Sin la certeza de obtener recursos económicos difícilmente se puede pensar en la realización de una producción, así que hay que salir y ofertar el producto. Vender el proyecto a inversionistas que querrán garantizar el retorno de su dinero más utilidades, de ahí que la importancia de la presentación en forma y fondo de una bien estructurada Carpeta de Producción. Esto permitirá que conozcan la propuesta totalmente y despierte su confianza de lo que se está solicitando. Lo mismo sucede en caso de la participación de una convocatoria o la solicitud a una fundación para que aporte fondos para la ejecución del proyecto. De igual forma más adelante dedicamos una sección amplia que trata el tema a profundidad.

El trabajo de los directores de cine, tanto hombres como mujeres, han dejado un legado invaluable para la humanidad. (fotografía de: Girls al films).

Sección de Planos

La sección de planos se elabora según el enfoque narrativo del proyecto, estos se dibujan desde diversos puntos de vista: la escenografía, los movimientos de cámara, la iluminación y desplazamientos de los actores. Todos los anteriores se citan y comparten un mismo espacio, por lo que se recomienda -hasta donde sea posible-, realizar el dibujo de cada disciplina por separado, pero que finalmente sea un solo documento. En la sección de escenografía se marcan -a escala- las siluetas del mobiliario o elementos que conforman el espacio donde se lleva a cabo la grabación, sea en estudio o en locación. Se elabora desde una perspectiva perpendicular al suelo, es decir de arriba hacia abajo. Luis Francisco Pérez experto en la materia, describe la planta de cámara o plano de cámara, como *"la geografía más clara y espacial, sirve para planear la localización donde vamos a rodar, garantizar la continuidad de las miradas a cada momento. Se requiere para que se respete el eje de acción y evitar el salto de eje".*

Plantilla de organización de escenografía.

Capital Humano

El equipo que conforma el capital humano de una producción de televisión o cinematográfica, está integrado por una variedad de perfiles, quienes a partir del área del conocimiento que dominan, aportan con su "expertise", y ofrecen la riqueza requerida para llevar a cabo exitosamente una producción.

Esta es una de las áreas más sensibles en la administración del proyecto. Inicialmente se diseña un organigrama a la medida, pues cada producción requiere necesidades muy específicas. Se jerarquizan las responsabilidades. Es un tema delicado desde la preproducción, con la convocatoria o casting para los actores, sobre todo el papel principal sea conductor o protagonista y los actores secundarios. Arduo trabajo la selección de creativos como el "Diseñador de Arte", cuya responsabilidad es enorme. La contratación de personal creativo en general, operativo, técnicos, profesionales de las más diversas disciplinas. Mencionamos solo algunas para clarificar la idea: maquetistas, diseñadores gráficos, carpinteros, tapiceros, coordinador de efectos mecánicos, soldadores, yeseros, etc. La primer tarea es diseñar el organigrama para definir el número de personas necesarias para la realización de la producción audiovisual. La descripción de puestos que delimita las responsabilidades de cada persona del equipo y permite que la maquinaria de este complejo engranaje funcione lo mejor posible.

Para la elaboración de la carpeta de producción se recomienda entregar para esta sección, solamente los perfiles de las personas propuestas para los cargos más altos del organigrama, por ende, los de mayor nivel de responsabilidad. Entre ellos destacamos los principales operadores del proyecto: guionista, director general, director ejecutivo, productor ejecutivo, director de arte, director de fotografía, director de sonido, protagonista, coprotagonista, antagonista, o bien algunas otras figuras que para cada proyecto en específico se requieran. Se deberá incluir de cada uno: currículo vitae o semblanza, biofilmografía apoyado con fotografías diversas o su portafolio fotográfico.

Cartas Compromiso

La carpeta de producción necesita sustentar su factibilidad con documentos. Para cumplir con este renglón, se anexan las denominadas cartas compromiso. Estas tienen por función dar certeza de parte de los altos funcionarios del organigrama del proyecto, de declarar por escrito la firme intención de participar hasta la consecución del objetivo propuesto. Quienes deben ofrecer este documento son las personas clave como el director, productor, protagonista, etc. En este escrito deben dejar manifiesto su alto nivel de compromiso para el fin en mención.

Área Legal

Es indispensable establecer un departamento que atienda todos los asuntos legales de una producción audiovisual. Deberá atender lo correspondiente a trámites ante autoridades de las diferentes esferas de gobierno, según se necesite, como los permisos para utilizar la vía pública para grabar. Los derechos de autor de materiales a utilizar en la obra. La elaboración de contratos del personal, renuncias, tratos con sindicatos diversos, etc. Es un área de suma importancia y requiere investigar a detalle su funcionamiento.

Contacto con el representante legal

Por último y por ello no menos importante, son los datos del contacto para dar seguimiento a la decisión de financiamiento o bien para iniciar la negociación. Se deben proporcionar varias vías de contacto: Nombre completo, teléfono fijo, móvil y uno o dos correos electrónicos, así como contactos en redes sociales de ser posible.

Y con este último dato, damos por terminada la primera sección de la carpeta o portafolio de producción. Deseando que quien la elabore tenga el mejor de los éxitos.

Capítulo 2

LA CARPETA DE PRODUCCIÓN vs. OTROS DOCUMENTOS.

La fotografía es verdad.
Y el cine es una verdad 24 veces por segundo.

Jean Luc Goddard
Director de cine, suizo.

Por Heber Francisco Chávez Herrera

Una vez que ya tienes el concepto y una idea básica de lo que es una carpeta de producción, es menester hablar de otros documentos importantes que a veces suelen confundirse en la industria con una carpeta de producción, pero que difieren del mismo con base en su teleología.

Para no abarcar tanto en el tema, nos limitaremos a dos documentos fundamentales: El Dossier y la biblia: La carpeta de producción es un documento detallado y técnico que contiene toda la información necesaria para planificar ejecutar y gestionar un proyecto audiovisual, sea en cine o televisión, se utiliza principalmente dentro del equipo de producción para coordinar aspectos que van más allá de lo creativo y contemplando a la vez aspectos financieros y logísticos, en otras palabras, la carpeta de producción es como los planos para el arquitecto, es el diseño de toda la producción de manera escrita desde su producción hasta su distribución, es extenso y detallado y no debe excluirse nada.

Por su parte, el Dossier es un documento más sintetizado y visualmente atractivo, su objetivo es directamente captar la atención de posibles inversionistas o distribuidores, también es muy utilizado en festivales y por la prensa para publicidad. De hecho, cuando recibes un proyecto en un festival, es muy común que lo primero que te pidan sea un dossier con fines publicitarios. Así que como podrás verlo, mientras que la carpeta de producción es un documento más técnico y funcional, el dossier por su parte es una herramienta de promoción y presentación.

Otro concepto muy importante que trataremos de resumir lo mayormente posible, es la biblia para serie (qué bien podría ser materia de otro libro).
El concepto de biblia para serie es básico para todos aquellos que tenemos formación como guionistas, pero que es fundamental a la hora de vender un proyecto televisivo, especialmente, si se trata de una ficción, como una serie. La biblia es un documento mucho más amplio que la misma carpeta de producción, pero con la diferencia de que aquí busca desarrollar o poner énfasis en un aspecto creativo, su objetivo es desarrollar el universo narrativo, los personajes y las tramas de la serie o un proyecto transmedia.
Es utilizada principalmente en televisión o en las OTT (Over the Top,se refiere a las plataformas de servicios como Netflix, Prime Video, HBO, etc) contiene

material muy detallado como un esbozo de cada capítulo, su duración, biografías largas sobre los personajes e incluso reglas del universo.

Ver tabla siguiente

Característica	Carpeta de producción	Dossier	Biblia
Propósito	Documento técnico para organizar la producción en lo creativo logístico y financiero.	Presentación atractiva para inversionistas, distribuidores, prensa y audiencias	Desarrollo narrativo y estructural de una serie o universo.
Extensión	Extensa y detallada	Sintética	Muy extensa
Usos	Guía de producción para el equipo técnico y artístico	Herramienta de venta y promoción del proyecto	Desarrollo del mundo de personajes y estructura en una serie
Formato	Documento técnico con tablas, presupuestos y desgloses.	Diseño gráfico atractivo con imágenes y textos breves	Documento narrativo con desarrollo de personaje y estructura de tramas y capítulos.
Aplicación	Cine, televisión	Cine, televisión, festivales	Series, Streaming, animación, proyectos transmedia.
Ejemplo de uso	Coordinar la producción y ejecución de un largometraje	Buscar financiamiento o con fines de distribución en un festival	Para vender una serie en una plataforma como Netflix, HBO o Prime Video.

Capítulo 3

¿COMO LLEGAMOS HASTA AQUÍ?

"La civilización democrática
se salvará únicamente si hace del lenguaje de la
imagen una provocación a la reflexión crítica",

Umberto Eco

Por: M.A. Verónica O. Lozano

Antecedentes

La comunicación del Siglo XXI ha traído consigo cambios radicales en nuestra forma de vivir. El sueño de la humanidad ha sido rebasado de forma exponencial. La comunicación de hoy nos permite enterarnos de lo que sucede en tiempo real en el otro extremo del globo terráqueo, en el espacio, en el fondo del mar o adentrarnos en el mundo de la nanotecnología. ¡Es una locura lo que ocurre hoy en materia de comunicación! Nos hemos acostumbrado a verlo normal, pues han sucedido los cambios uno tras otro y otro, pero son realmente asombrosos los eventos de que hemos sido testigos.

Se documentan con mayor precisión los últimos 5,000 años de paso del hombre en el puente del tiempo, registrando cambios que se han acelerado vertiginosamente desde principios del siglo pasado que inició la carrera, y cada vez aumenta la rapidez con la que surgen novedades en una carrera sin fin.

Los eventos tecnológicos que impulsan estos cambios plantean a la humanidad un futuro de extremos, por una parte: la combinación de tecnología y comunicación como herramientas para elevar la calidad de vida, y por otra, se perciben como un peligro latente que amenaza desde nuestra salud mental, hasta la destrucción de nuestros entornos y sistemas de organización social, producto de intereses y actividades de la manipulación en la geopolítica.

Comunicación en retrospectiva.

Desde tiempos inmemoriales el hombre ha tratado de abatir dos problemas en torno a la comunicación: la distancia y el tiempo. Enviar un mensaje oral o escrito, a lo largo de la historia representó incertidumbre, primero de que llegara a su destino considerando peligros y distancias, y segundo, el tiempo que ponía en riesgo la vigencia de su contenido. Así mismo se consideraba la vulnerabilidad del contenido al riesgo de violar la privacidad del destinatario.

Aún en los años ochenta, una tarjeta postal enviada por correo de Europa a nuestro país, tardaba meses en llegar a su destino, ya que el servicio postal dependía del traslado del documento vía marítima o aérea, con las correspondientes escalas y cumplimiento de los protocolos reglamentarios internacionales y nacionales.

El Tarjeta postal, medio de comunicación común, hasta antes de la digitalización.

Registra la historia en el devenir evolutivo del ser humano, hitos que fueron construyendo quienes somos hoy y nuestras formas de comunicarnos.

Será menester de otro momento donde registremos a detalle los eventos mas importantes en el complejo devenir evolutivo de la comunicación humana, pues al intentar documentarlo, esa mirada retrospectiva nos refiere a otras disciplinas del ámbito científico como la Antropogénesis. Pero dedico este breve espacio a tan solo mencionar esa panorámica del apasionante tema.

Iniciamos comentando desde los polémicos procesos de hominización, humanización y humanismo. Destacamos del proceso de hominización la mutación del Gen FOXP2 registrado desde homínidos arcaicos, presente en el hombre Neandertal. Este gen nos permite la capacidad de hablar, y la posibilidad de crear un lenguaje estructurado. Esta competencia nos diferencía de las otras formas de vida. Luego destacamos el proceso de humanización, en el que la comunicación se constituye en un elemento que transforma al ser y configura sus formas de vida, entre otras su organización social. No menos importante el proceso de humanismo, que busca el diseño del bien vivir, donde se respeta la dignidad del ser humano y la vida como el don mas preciado, se construye una sociedad de principios y valores que se basan en las mas altas normas de ética.

Así mismo dado su impacto mencionamos las evidencias del hombre prehistórico que utilizó dibujos, pinturas y esculpió la roca para comunicar su paso por este mundo. Sin duda jugaron un importante papel en la comunicación a distancia, las señales de humo, las palomas mensajeras y los sonidos producidos con cuernos de animales que codificaban mensajes básicos como peligro o marcaban su territorio.

Viajemos hasta aproximadamente el año 3,500 a de C. tiempo que evidencia el desarrollo del primer sistema de escritura en la lengua sumeria. Posteriormente 500 años a de C. en Babilonia se utiliza la escritura cuneiforme, que incluye los primeros cálculos trigonométricos.

En el año 105 se conoce oficialmente la invención del papel por China.

Desde tiempos remotos cada época y cada civilización, han aportado conocimientos y avances importantes en materia de comunicación. Innegable que el fruto del producto del cerebro humano ha evolucionado de lo mas básico e instintivo, hasta rebasar nuestra imaginación y sentirnos amenazados ahora en el siglo XXI con la comunicación de la inteligencia artificial.

Tablilla babilónica Plimpton 322 (P322) uno de los artefactos más sofisticados del mundo antiguo. Es una tabla trigonométrica de un tipo completamente desconocido y se adelantó a su tiempo por miles de años. (Davila, 2018)

Aquí, destacamos solo algunos de estos eventos históricos, que fueron los cimientos del fenómeno en mención.

Hitos de la comunicación:

384 – 322 a.C.
Aristóteles fue el primero en observar el comportamiento de la luz, descubre la cámara oscura. Principio fundamental de la óptica.

Aristóteles filósofo, científico, pensador griego.

1,049

Ibn Alhazen descubre la cámara oscura. Sienta las bases de la fotografía, comprensión de la proyección de imágenes.

1,685

Johann Zahn diseña la primera cámara fotográfica portátil.

1,400

El alemán Johannes Gutenberg reinventa los tipos de imprenta móviles.

1,725

Johann Heinrich Schulza descubre la sensibilidad de sales de plata a la luz.

1,793

La primera línea telegráfica para la comunicación de larga distancia es construida por el francés Ing. Claude Chappe.

Siglo XIX

1,825

Francés Joseph Niépce físico, logra la primera fotografía permanente. Éxito de la cámara oscura.

1,831

Michael Farraday establece nexos entre el magnetismo y la electricidad.

1833 – 1937

Louise Daguerre sigue experimentando con técnicas fotográficas. Introduce el daguerrotipo, un proceso que reduce significativamente los tiempos de exposición y produce imágenes detalladas. Una técnica que emplea una placa de cobre plateada expuesta a vapores de mercurio para revelar la imagen.

1884

Samuel Morse artista e inventor estadounidense, crea el código Morse, sistema de comunicación basado en puntos y líneas, pero aun había que descubrir como enviarlo a largas distancias. Hasta ese momento, la comunicación a larga distancia se basaba en el uso de señales de humo, palomas mensajeras y otros métodos ineficientes. Luego de la gran invención, Morse registra la patente del primer cable telegráfico. Desde la transmisión analógica hasta la digital. El gran invento del cable ha permitido en la actualidad SXXI, una mayor calidad de imagen y sonido, así como una mayor interactividad con el usuario. los cables se utilizan para la transmisión de datos, la televisión por cable, la conexión a Internet y mucho más. Gracias a la visión y el ingenio de Samuel Morse, el cable se ha convertido en una herramienta vital para la conectividad global.

El Samuel Morse crea el Código Morse, se base de líneas y puntos, años más tarde fue utilizado para comunicación a distancia.

INTERNATIONAL MORSE CODE

1. A dash is equal to three dots
2. The space between parts of the same letter is equal to one dot.
3. The space between two letters is equal to three dots.
4. The space between two words is equal to five dots.

A ● ▬	U ● ● ▬
B ▬ ● ● ●	V ● ● ● ▬
C ▬ ● ▬ ●	W ● ▬ ▬
D ▬ ● ●	X ▬ ● ● ▬
E ●	Y ▬ ● ▬ ▬
F ● ● ▬ ●	Z ▬ ▬ ● ●
G ▬ ▬ ●	
H ● ● ● ●	
I ● ●	
J ● ▬ ▬ ▬	
K ▬ ● ▬	1 ● ▬ ▬ ▬ ▬
L ● ▬ ● ●	2 ● ● ▬ ▬ ▬
M ▬ ▬	3 ● ● ● ▬ ▬
N ▬ ●	4 ● ● ● ● ▬
O ▬ ▬ ▬	5 ● ● ● ● ●
P ● ▬ ▬ ●	6 ▬ ● ● ● ●
Q ▬ ▬ ● ▬	7 ▬ ▬ ● ● ●
R ● ▬ ●	8 ▬ ▬ ▬ ● ●
S ● ● ●	9 ▬ ▬ ▬ ▬ ●
T ▬	0 ▬ ▬ ▬ ▬ ▬

1,856

Le Gray utiliza combinación de negativos en la fotografía, para lograr efectos especiales. Se emplea una técnica innovadora que combina dos negativos para capturar detalles complejos en una sola imagen. Primeros ejemplos de la edición fotográfica.

1860

Brady documenta la Guerra Civil estadounidense. Se produce un extenso registro visual del conflicto. Su trabajo es considerado fotografía documental.

1,861

James Clerk Maxwill realiza la primera fotografía a color. Utiliza filtros de color rojo, verde y azul. Introduce el concepto de separación de colores.

1,864

Michael Farraday, físico británico publica estudios sobre electromagnetismo, principio de la radio.

1,877

Alexander Graham Bell expone su diseño del primer tipo de teléfono y desarrolla el primer fonógrafo.

1,878

Eadweard Muybridge realiza su experimento de movimiento. Utiliza una serie de cámaras para capturar el movimiento de un caballo, creando una secuencia de imágenes que revela como se mueve. Experimento precursor del cine y de la fotografía de alta velocidad.

1,880

"Daily Graphic" de Nueva York publica la primera fotografía en un periódico impreso. Evento que marca el inicio del fotoperiodismo.

1,880

El físico alemán H. Hertz descubre la existencia de ondas electromagnéticas.

1,884

Paul Nipkow inventa el disco de análisis mecánico de imágenes.

1,884

George Eastman crea la primera película flexible en rollo. Innovación que reduce costos, simplifica el proceso, impulsando la popularización de la fotografía.

Volante promocional de la primer cámara fotográfica lanzada por la empresa Kodak para un mercado de aficionados. Año 1888.

THE **KODAK CAMERA**
100 Instantaneous Pictures!

Anybody can use it.
No knowledge of photography is necessary.
The latest and best outfit for amateurs.
Send for descriptive circulars.

Price $25.00.

The Eastman Dry Plate & Film Co.

1888

Lanzamiento de la cámara Kodak No. 1. Eastman presenta la cámara que utiliza película en rollo y está diseñada para el uso de aficionados. Su lema, "Usted aprieta el botón, nosotros hacemos el resto", promueve la fotografía como una actividad accesible para todos. (ver ilustración).

1,895

El inventor italiano Guglielmo Marconi desarrolla la telegrafía sin cable. Señales "al aire".

1,895

Los hermanos Auguste y Louise Lumiere en Francia, realizan la primera proyección cinematográfica pública. Marca el nacimiento del cine como medio de entretenimiento. Este evento, sentó las bases para la industria cinematográfica moderna. Formato inicial de 35 mm. Cine Analógico.

Inicio de la cinematografía. Filmina. Celuloide en el que se imprimían fotografías trasmitidas a una velocidad de 24 por segundo.

1,897

Karl Ferdinand Braun construye el primer tubo de rayos catódicos. Sistema base del sistema de televisión.

Siglo XX

1,901

Guglielmo Marconi trasmite señales de radio se trasmiten desde Camualles, Gran Bretaña a Terranova, Canadá.

El italiano Ingeniero eléctrico Guillelmo Marconi precursor de la radiotransmisión a larga distancia y telegrafía sin cables. En 1894 inicia sus estudios sobre las ondas electromagnéticas. Premio Novel de Física 1909. (Biosca, 2018)

1,906

Reginald Fressenden, físico canadiense trasmite voz por radio.

1,907

Se desarrollan métodos de reproducción de imágenes mediante análisis electromagnético.

1,920

La radio se convierte en el sistema más popular de comunicación.

1,923

Vladimir Zworykin (1889-1982) es reconocido como un pionero clave en la televisión, considerado el "padre de la televisión". Su trabajo fue fundamental para el desarrollo de sistemas de transmisión y recepción de imágenes, especialmente con la invención del iconoscopio y el kinescopio.

1,925

John Logie Baird da una demostración del primer sistema de televisión en vivo. La televisión se convierte en un medio de comunicación masivo, es decir, accesible para el público.

1,927

El primer filme sonoro. Se estrena "The Jazz Singer", creación de Alan Crosland. Este fue el primer largometraje que incorporó diálogos sincronizados, revolucionando la industria del cine y llevando a la era del cine sonoro.

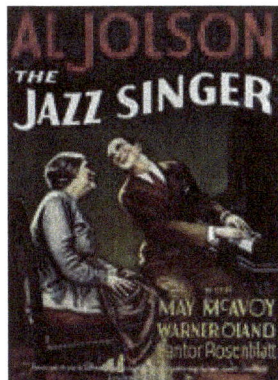

1,935

Marconi produce una imagen de 425 líneas de análisis en el sistema televisión.

1,936

Una de las primeras trasmisiones de televisión fue reali
zada por la BBC (British Broadcasting Coorporation).

1,940

El mexicano Guillermo González Camarena inicia en el Instituto Politécnico Nacional experimentos, creando la televisión a color.

El mexicano Guillermo González Camarena inventa la televisión a color. Crea un sistema tricromático secuencial (basado en los colores Rojo, verde y azul). Registra la patente en Estados Unidos en 1940 y la vende a las empresas RCA y Victor. Camarena es pieza clave para el desarrollo de las telecomunicaciones en México. (Tostado, 1995)

1941

Ansel Adams introduce el sistema de zonas Adams y desarrolla el sistema de zonas, método de exposición y revelado que permite a los fotógrafos controlar el rango tonal de una imagen en blanco y negro. Su técnica se convierte en un estándar en la fotografía de paisaje y en blanco y negro.

1,947

Laboratorios Bell Telephone desarrollan el primer trasmisor.

1950

Surge la fotografía subacuática científica y artística con fotógrafos pioneros como Hans Hass. La fotografía subacuática se desarrolla impulsada por cámaras adaptadas para resistir el agua. Esta técnica permite explorar y documentar la vida marina, abriendo nuevos campos en la fotografía. El cine evoluciona a filminas de 70 mm para mejor calidad. Aparece el cassette de carrete abierto.

1,954

Introducción de la televisión a color en Estados Unidos por la cadena CBS. La trasmisión de programas en color cambió la forma en que se consumía contenido televisivo, mejorando la experiencia visual y atrayendo a más espectadores.

Tabla para calibrar el color en cámaras ananlógicas.

1,956

Ampex inventa la primera cinta magnética. Permite conservar material audiovisual.

1,960

Las computadoras revolucionan la era de la comunicación.

Evolución de la informática. Durante la década de los cuarenta se crean los primeros ordenadores o sistemas de cómputo. Enormes máquinas de compleja estructura de dispositivos. En los años cincuenta se dio un auge en la evolución creando el primer ordenador Binac (Binary Automatic Computer) (Glosario It, 2024).

1,962

Se lanza al espacio el primer satélite geoestacionario "Telestar I". Da inicio a la comunicación satelital que enlaza comunicación América – Europa.
Principalmente se utiliza para teléfono y televisión.

1,969

APARNET, siglas de: Advanced Research Projects Agency Network (Red de la Agencia de Proyectos de Investigación Avanzada). Proyecto pionero que sentó las bases del Internet moderno.
Iniciada durante la guerra fría, por la Agencia de Proyectos de Investigación Avanzada (ARPA) del Departamento de Defensa de Estados Unidos en 1966 y operativa en 1969. Fue diseñada y creada al servicio de proyectos militares para facilitar la comunicación y el intercambio de recursos entre investigadores gubernamentales e instituciones académicas. Mas tarde se fusiona con otras redes dando lugar a internet.

ARPANET LOGICAL MAP, MARCH 1977

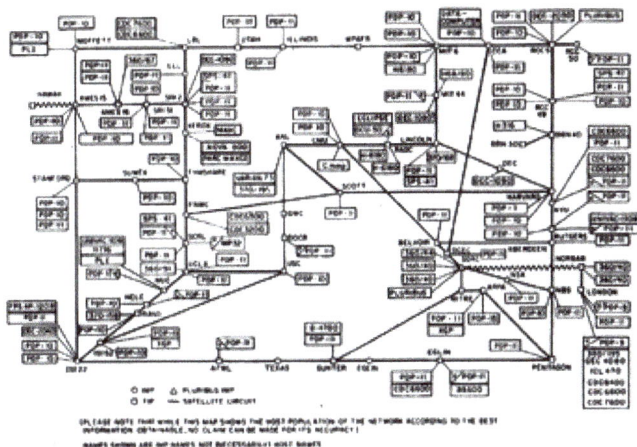

1,969
Se trasmiten las primeras imágenes de televisión en directo desde la luna, con una audiencia inédita hasta ese momento 723 millones de telespectadores.

1,970
Corning Glass Works, compañía que produce la primera fibra óptica. Este sistema de fibra óptica utiliza rayos laser enviando comunicación a larga distancia.

1,971
Diversas compañías manufacturan videocaseteras a gran escala, abriendo un mercado sin precedentes. Introducción de cintas magnéticas (video tape) U-matic de Sony.

1975
Betamax de Sony y VHS de JVC, sistemas de grabación de audio/video, inician la competencia del mercado doméstico.

Inician las técnicas de grabación de audio y video. Surgen una variedad importante de formatos, desde el carrete abierto hasta los cassetes en diversas presentaciones. Generó una importante competencia en el mercado.

1,978
Demanda a gran escala de las "PC", computadoras personales.

1,978
Se diversifican los contenidos audiovisuales produciendo programas para todos los mercados. La especialización de la programación para públicos específicos: infantil, entretenimiento, deportivos, educativos, negocios, noticias, etc.

1,980
Se populariza la comunicación vía satélite, desplazando a los sistemas de distribución de señal de radio y televisión por el sistema de microondas.

1,980
Se introducen los primeros sistemas de sonido estereo. En 1982 cobra mercado el "sonido envolvente" o Dolby sound (sorround sound). Aparecen en el mercado las cámaras domésticas Hi8 y Video8.

1,980

Se populariza la telefonía celular, adaptándose principalmente a unidades móviles.

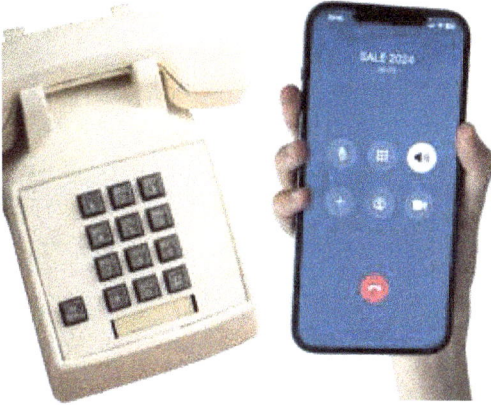

1,981

Cámara fotográfica digital. Sustituyeron la película tradicional por un sistema de sensores optoelectrónicos que permiten registrar imagen sin necesidad de carrete. Las imágenes pueden ser traspasadas a un soporte informático como el disquete. CD-ROM, a impresora o por internet.

Evolución de las primeras cámaras de cine.
En la fotografía diversos formatos.

1982

Lanzamiento del CD (Compact Disc) formato estándar.

Imagen del CD (Compact Disk). Sistema de almacenamiento de información.

1,984

CD-ROM evoluciona el sistema de almacenamiento de datos, audio y video a un novedoso formato que mejora y conserva la calidad de la imagen.

En 1964 desde Cabo Cañaveral se coloco el satelite SYNCOM sobre la línea del Ecuador trasmitió los Juegos Olympicos desde Japón y se le vio el potencial para la guerra de Vietnam. (Social Futuro, 2024)

El Sistema satelital mexicano lanza en 1985 el primer satelite geoposicionado para dar servicio a instancias gubernamentales del país principalmente. Lanza el Satelite Morelos I en el año de 1985, desplazando al Sistema Nacional de Microondas. (Cacelin, 2016)

1,989

www es el protocolo de alto nivel del World-Wide-Web
Sistema que rige el intercambio de mensajes entre clientes y servidores del Web. Sistema creado por Bill Berner, Lee y Robert Cailliau.

1,990

Tim Berners-Lee crea el protocolo de internet http y el lenguaje HTML. Aparece el formato DVD (Digital Video Disk) como medio de almacenamiento óptico.

El formato DVD dispositivo para almacenar datos e imágenes y sonido, hizo su aparición en el mercado en el año 1990. (Imagen Wikipedia).

1991

Cobertura mediática de la guerra del Golfo Pérsico. Por primera vez, personas de todo el mundo pudieron ver imágenes en vivo de misiles golpeando sus objetivos y cazas despegando de portaviones desde la perspectiva real de la maquinaria de guerra. Las imágenes de bombardeos terrestres precisos y uso de cámaras y equipo en general de visión nocturna, dio al reportaje un giro futurista que se decía que se parecía a las imágenes de los videojuegos y fomentaba el "drama de guerra".

Guerra del Golfo Pérsico. Las imágenes vistas por primera vez en televisión abierta en tiempo real, parecieran sacadas de un video juego, sin embargo se trataba de jóvenes soldados al frente de batalla. (Fernández, 2016)

Guerra del Golfo Pérsico Enero 17, 1991.
Imagen trasmitida en tiempo real desde Bagdad.
(Fernández, 2016)

1,993
Se crea el procesador Pentium.

1,993
Existen 130 sitios web en internet.

1,995
Se crea el DVD, digital Video Disc.
Aparecen como un estándar para cámaras digitales compactas las MiniDV.

1,997
Videograbador digital. Esta cámara de video no requiere de una cinta de grabación. Digitaliza las imágenes que pueden ser transferidas automáticamente a un computador.

1997
Acceso abierto a WIFI. El wifi, patente de Hedieg Eva María Kiesler. Herramienta de uso cotidiano que permite conectar dispositivos como computadoras,

impresoras, teléfonos, consolas de videojuegos sin cables. El origen de la invención de este sistema es bélico, se remonta a la segunda guerra mundial y posteriormente durante la guerra de Estados Unidos con Cuba, utilizándola para interceptar comunicaciones y controlar torpedos. La Comisión Federal de Comunicaciones (FCC, por sus siglas en inglés) de Estados Unidos, en 1985 permitió el uso sin licencia de las bandas de frecuencia de 900 megahercios (MHz), 2.4 gigahercios (GHz) y 5.8 GHz, liberando parte del espectro radioeléctrico para que cualquiera pudiera utilizarlas sin licencia.

Sistema WiFi, interconección de dispositivos digitales con acceso abierto. (imagen Wikipedia).

1997
Netflix, Inc. Surge Netflix, empresa que ofrece la trasmisión de películas y series de televisión producidas principalmente por productores independientes y sus propias producciones originales, conocidas como "originales de Netflix".

1,998
Se registran 2,200,200 sitios web en internet.

Siglo XXI

Lanzamiento de redes sociales.

2,000

Gran demanda en el mercado por los primeros televisores de pantalla plana, dando el relevo a los televisores de tubos de rayos catódicos (del sistema análogo). Esta nueva tecnología permitía tener pantallas de mayor tamaño en un diseño plano. También aparecen las primeras emisiones en HD, alta definición.

2,003

Skype voz, video y texto.

2,004

Emerge la Web 2.0 y la siguiente generación de internet. WEB 2.0 hasta entonces, era primordialmente una herramienta utilizada para publicar material de consumo para el público en general. Su antecesora WEB 1.0 era simplemente como comunicación en un sentido. La WEB 2.0 permite que el usuario participe activamente. Este nuevo enfoque permitió que los usuarios compartieran información y colaboraciones.

Evolución de la Web. El concepto de 2.0 a 3.0 Web semántica. Inicia la reproducción de videos y la Big Data o manejo de información a nivel masivo. (Navarro, 2013).

2004

Internet se convierte en una plataforma para la Social Media o Redes Sociales. Los contenidos generados por los usuarios se difunden exponencialmente, debido a que el usuario común encuentra fácil y accesible su participación en la www. Surgen blogs, wikis, cientos de aplicaciones en la web, prestación de servicios, intercambio de millones de imágenes, videos, música, información, etc.

2004

Facebook, creación de Mark Zuckenberg, revolucionó la forma en que las personas se comunican y comparten contenido, marcando esto el inicio de la era de las redes sociales y la comunicación digital.

facebook

Surgimiento, auge y posicionamiento de las redes sociales, revolucionan sin precedentes la comunicación que permite la interacción entre usuarios. La globalización o la "aldea global" que visualizó Marshall McLuhan en 1985, llegó para quedarse. (Symes, 1995) (imagen Wikipedia)

2004

Las sondas Spirit y Opportunity envían fotografías e información científica desde suelo marciano.

2005

Youtube Chad Hurley y Steve Chen crean un website donde los usuarios pueden compartir videos. Se lanza al público esta plataforma permitiendo a los usuarios subir, compartir y ver videos, transformando la forma en la que se consume contenido audiovisual y dando voz a creadores independientes. Se expandió rápidamente, alcanzando 100 millones de visitas por día a un año de su lanzamiento. Para el año 2009, el sitio había alcanzado el registro de más de un billón de visitas por día.

(myriamira, s.f.)

El mundo descubrió una nueva forma de comunicarse con una audiencia mundial. Las redes sociales se establecen como uno de los más importantes fenómenos de la cultura de internet. La guerra entre empresas inicia, Facebook va por los "likes", Tweeter por los "trending topics".... (imagen myriamira Freepick)

El fenómeno que se gestaba a inicios del SXXI, reflejó un fenómeno que se conoció como la "Primer Inteligencia Colectiva". El uso de la tecnología se popularizaba cada vez más, haciendo el sistema autosustentable y posteriormente lucrativo a gran escala, ofreciendo acceso a billones de usuarios alrededor del mundo.

2006

Twitter es una red social, tipo microblogging. Permite comunicación e interactuar con otros usuarios a través de mensajes públicos, conocidos como tweets privados, DM o direct message.

En el 2023 cambia su nombre a "X". Su principal característica es que tiene un marcado límite de caracteres: comenzó con un máximo de 140 caracteres, que aumentó a 280 en 2017. A raíz de la llegada de X Premium los usuarios disponen hasta 10.000 caracteres por post. Aparición del Blu-ray, almacenamiento de video en alta definición.

2006
Sony presentó el primer sistema de proyección de cine digital 4K del mundo que ha aumentado la demanda de contenido digital de alta calidad sin perder resolución.

2007
Lanzamiento del iPhone. Un Smartphone que cambió la forma en que las personas acceden a la información y consumen medios, integrando internet, aplicaciones y multimedia en un solo dispositivo.

2009 – 2015
Apagón analógico. Como parte de una estrategia global, el apagón analógico fue el proceso de transición de señal analógica de televisión abierta, para transmitir y recibir señales digitales. Se le llama también transición a la Televisión Digital Terrestre (TDT), dando paso a imágenes de alta definición. Concluye en el 2015.

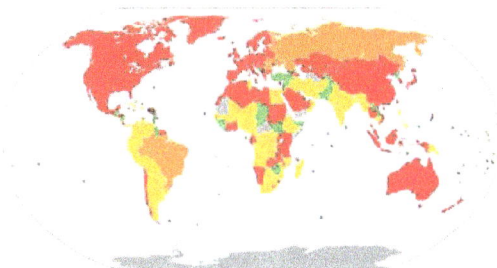

El apagón analógico y la consolidación de lo digital, el reto de la televisión. Poco mas de un lustro tardó la conversión del sistema análogo a la transición digital. (Reyes Montes Maria Cristina; Campodónico Anaya Mario Alberto, 2012)

2010

Boom de Netflix como servicio de streaming que ofrece una gran variedad de contenidos en casi cualquier pantalla conectada a internet. Televisión de suscripción con programación a la medida. Sistemas de grabación 4K Ultra HD y posteriormente 8K para cine y televisión.

2010

Instagram. Lanzado por el norteamericano Kevin Systrom y el brasileño Mike Krieger. Es una red social principalmente visual, donde un usuario puede publicar fotos y videos de corta duración e interactuar con las publicaciones de otras personas, a través de "me gusta". En ella también encontramos los famosos #hashtags, que sirven como buscadores de publicaciones. Imagen (Freepick, s.f.)

2015

El auge de los servicios de trasmisión digital (streaming) y la desaparición de la televisión por cable. El surgimiento de plataformas como Netflix, Amazon, Prime, Disney, Hulu, etc. Surge la televisión "a la carta"; en vivo, on line o por demanda.

2016

TikTok una red social de origen chino para compartir videos cortos y en formato vertical. Es propiedad de la empresa china ByteDance. Sus contenidos variados en géneros como danza, comedia, educación, etc., con duración promedio de 1 segundo, hasta 10 minutos, se presentan en un bucle sin fin repitiendo su contenido continuamente.

2019

Apple TV+ anuncia en el Steve Jobs Theatre el servicio de streaming tipo OTT (Over The Top, servicio de audio, video y datos por internet) de televisión web y vídeo bajo demanda por suscripción (sin publicidad), desarrollado y operado por Apple Inc. El contenido de Apple TV+ se puede ver a través de la aplicación Apple TV, que está programada para ser accesible desde numerosos dispositivos electrónicos de consumo, incluidos los de la competencia de Apple.

2020

Producción Virtual. Técnica que ha revolucionado la forma en que se crean los entornos en cine y televisión. Esta técnica utiliza pantallas LED gigantes y motores de renderizado en tiempo real, como Unreal Engine, para proyectar escenarios digitales durante el rodaje, permitiendo a los actores interactuar con entornos virtuales de manera más realista.

La inteligencia artificial gana terreno en todas las disciplinas del conocimiento humano con altos riesgos aun no legislados totalmente. Desde la propia imagen que se publica en redes sociales, la voz que se copia con precisión absoluta, hasta su uso en documentos oficiales o la creación de materiales audiovisuales
con imágenes en tercera dimensión y una similitud casi perfecta al mundo real. (Salazar, 2024)

2020

Inteligencia Artificial. La inteligencia artificial (IA) ha comenzado a integrarse en diversos procesos de la producción audiovisual, desde la generación de imágenes hasta la traducción y doblaje automatizados. Convierte textos en imágenes 3D, y "Dubme IO", que facilita la eliminación de barreras idiomáticas en contenidos audiovisuales.

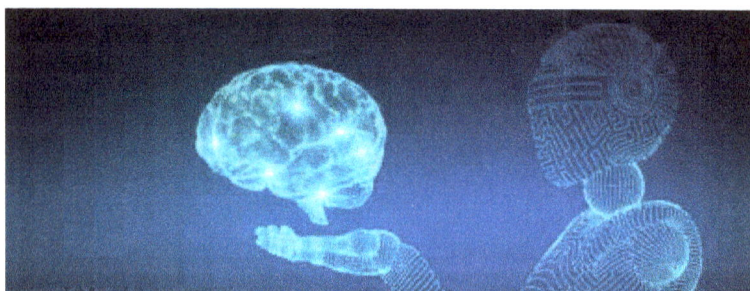

Innovaciones en las salas de cine.

2022

Pantallas LED y proyección láser. La adopción de proyectores láser y pantallas LED ha mejorado la calidad visual en las salas de cine, ofreciendo imágenes más brillantes y colores más vivos. Esta tecnología ha sido implementada en diversos cines, incluyendo festivales como Cannes. En los hogares se da la masificación de contenidos producidos en 4K y trasmitidos en HDR alta definición.

2022

Formatos en pantalla panorámica. Tecnologías como ScreenX e Ice Immersive han introducido experiencias de visualización en 270 grados, utilizando pantallas laterales adicionales para envolver al espectador en la película. Cadenas como Cinesa han incorporado estas innovaciones para ofrecer experiencias más inmersivas.

Transformación digital en la producción audiovisual

2023
Uso de inteligencia artificial (IA) en la generación de efectos de audio Investigadores como Mateo Cámara y José Luis Blanco presentaron FOLEY-VAE, una interfaz basada en Autoencoders variacionales entrenados con una amplia gama de sonidos naturales. Este modelo permite la creación innovadora de efectos de sonido, transfiriendo características sonoras a audio pregrabado o capturado en tiempo real.

2023
Aplicación de IA al doblaje. Empresas como Vocality han desarrollado tecnologías que clonan voces mediante IA, facilitando la producción de locuciones en múltiples idiomas y reduciendo costos. Sin embargo, este avance también plantea desafíos éticos y profesionales en la industria del doblaje.

2024
Implementación de sistemas de ultra alta resolución. La banda U2 presentó "V-U2", la primera película filmada íntegramente con cámaras Big Sky, un sistema de ultra alta resolución desarrollado específicamente para la sala Sphere en Las Vegas. Esta tecnología ofrece una experiencia cinematográfica inmersiva sin precedentes.

2024
Avanza la integración de Inteligencia Artificial en la Industria Cinematográfica. El reconocido director James Cameron se unió a la junta directiva de Stability AI, empresa responsable de la plataforma de inteligencia artificial generativa Stable Diffusion. Esta

colaboración busca explorar cómo la IA puede fusionarse con los efectos generados por computadora (CGI) para crear nuevas formas de narrativas visuales.

2025

Dispositivos de Realidad Aumentada en Postproducción La incorporación de dispositivos de realidad aumentada ha optimizado los procesos de postproducción. El director Jon M. Chu utilizó las Apple Vision Pro durante la edición de la película "Wicked", permitiéndole visualizar la película en una pantalla virtual gigante y colaborar en tiempo real con equipos en diferentes ubicaciones.

Conclusión

Son innumerables los eventos a lo largo de los SXX y SXXI, que dan cuenta del ingenio humano y el desarrollo tecnológico, muestran que la industria del cine y la televisión han experimentado avances significativos y transformado la producción, distribución y consumo de los contenidos audiovisuales.

Estos avances muestran el posicionamiento de la digitalización y la adopción de tecnologías emergentes en la industria audiovisual, tanto para las empresas productoras como la experiencia del espectador.

Somos generaciones privilegiadas, pues hemos sido testigos de esta transformación dinámica en materia de comunicación que no cesa, y nos imprime la lección que el límite es la infinita e insaciable imaginación del ser humano.

Capítulo 4

PROPUESTA CREATIVA

Si puede ser escrito o pensado, puede ser filmado.

Stanley Kubrick (1928-1999)
Director de Cine estadounidense

Por: Heber Francisco Chávez Herrera

El diseño de producción tiene bajo su cargo uno de los departamentos más importantes a considerar a la hora de hacer una carpeta de producción, no solo por su importancia en el aspecto creativo, sino por ser el departamento de mayor tamaño en producciones profesionales, es decir, el departamento de arte.

Hablar de diseño de producción implica toda la atmósfera visual que es tangible en una producción, es el proceso visual y artístico mediante el cual se crea la estética de una película o producción audiovisual. Es la disciplina a través de la cual se desarrolla la historia, incluyendo escenario, decoración, ambientación, paleta de colores, vestuario, maquillaje, utilería, entre otras ramas.

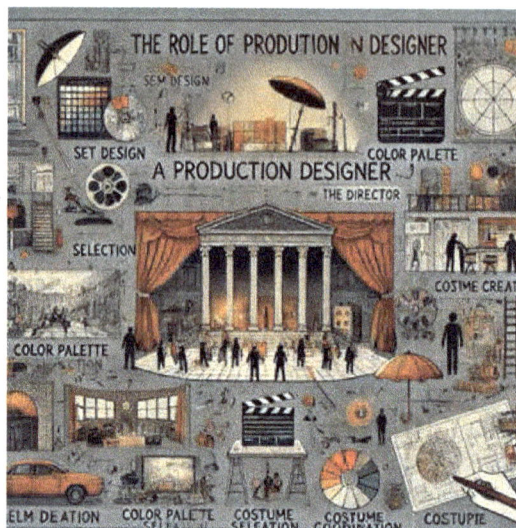

En una carpeta de producción, se deberá llevar a cabo una propuesta estética que se trabajará en conjunto con el productor, además, se manejará el ritmo de la comunicación con fines de gestión.

En un primer acercamiento por parte del diseñador de producción al proyecto y por tanto a la carpeta de producción este comenzará la etapa inicial por medio de la investigación, el diseñador de producción buscará fuentes, antecedentes, datos históricos según la ambientación o el peso que tendrá en la historia, casi por lo regular el diseñador en una etapa inicial se suele realizar un moodboard en él, el diseñador recopila imágenes referenciales para ir dando forma a lo que busca, para esta etapa aún no hay una propuesta clara, en realidad es más una lluvia de ideas visuales.

En una segunda etapa, el diseñador ya tiene una propuesta más clara, comienza a seleccionar los tipos de textura, telas, patrones, maquillaje, comienza a investigar la psicología del personaje y como los elementos visuales se van a relacionar con el mismo.

Y finalmente pasamos a una última etapa en la que ya hay un proceso de materialización, en esta etapa ya no solamente implica una visión estética sino una gestión, el diseñador de producción comienza a materializar como será el set, los tipos de set que estarán incluidos, ya hay un proceso de materialización, el diseñador entra en una etapa de deliberación en conjunto con producción para determinar que material que mandará a fabricar y cuál simplemente se rentará, aquí también se comienza a determinar el tamaño del departamento según las necesidades del proyecto, para saber que sub departamentos se van a formar y la más importante, se realiza un presupuesto total para verificar un posible costo del departamento en general.

Una vez que el diseñador de producción ha establecido la propuesta estética y se ha determinado el presupuesto del departamento de arte, se inicia una fase crucial en la que se coordina la ejecución de cada uno de los elementos visuales. Esta etapa requiere un trabajo minucioso de planificación, supervisión y comunicación con los diferentes equipos involucrados en la producción.

El diseñador de producción, junto con el director de arte, debe asegurarse de que cada subdepartamento (construcción de sets, utilería, vestuario, maquillaje, entre otros) trabaje en armonía con la visión global del proyecto. Para ello, se crean documentos detallados como planos de escenografía, bocetos conceptuales y listas de materiales específicos que servirán de guía para el equipo de arte, sin embargo, para hablar del departamento de arte, considero un menester conocer sus miembros;

El departamento de arte tiene múltiples subdepartamentos y elementos humanos, por lo regular la cabeza principal suele ser el diseñador de producción.

El diseñador de producción es aquel que es el máximo responsable de la dirección estética global de la película, serie o producción, es el máximo colaborador del director en ese departamento y por tanto, suele ser su principal enlace, posee una visión artística del proyecto, pues es el encargado de llevar a cabo el estilo visual general, desde la paleta de colores, como realizar toda la propuesta de arte (vestuario, textura, decorados, sets) y se involucra en la producción a partir de un desglose de guion. Suele tener una muy fuerte colaboración con el director de fotografía, ya que puede colaborar en la toma de decisiones como la iluminación o definir el campo, entre ellos dos definen la estética general. El diseñador de producción es quien realizara toda la etapa de investigación mediante sus referencias visuales o mood boards; supervisa el scouting para la elección de locaciones, así como la supervisión de escenografías, vestuarios y props (Utileria), verbigracia, imaginemos que estamos en una película sobre una casa, el diseñador será el encargado de definir cómo se verá esa casa (si será moderna, decadente, utópica, elegante), también definirá los colores que estarán presentes ya sea en mayor o menor medida, así como el color en todas sus propiedades (si serán colores cálidos, neutros o fríos, saturados o desaturados, metálicos o apostamos por un neón), también definirá el tipo de arquitectura y sobre todo, justificara y tomará todo esto con base en la historia y en el diseño de personajes. Algo que define totalmente al diseñador de producción es que también se involucra en tareas administrativas, pues el principal encargado de supervisar el cronograma y el departamento de arte.

Por su parte del director de arte será el principal encargado de supervisar la visión del mismo diseñador de producción y del director, a diferencia del diseñador de producción su trabajo suele ser más técnico u operativo. Este dualismo entre diseñador de producción y director de arte suele existir en producciones más grandes o con mayor presupuesto, mientras que en muchas producciones independientes, el trabajo de estos termina recayendo en una sola persona, empero, cada vez es más frecuente ver estas dos figuras. El director de arte será el encargado de supervisar la construcción de set, decorados y props, también coordinará la mano de obra del departamento, tales como pintores, carpinteros, decoradores y utileros, buscará que todo sea fiel al concepto realizado por el diseñador de producción y resolverá los problemas logísticos en el set en relación a la estética visual. En otras palabras y volviendo a la cuestión de la casa, mientras que el diseñador de producción crea el concepto, el equipo de dirección de arte se va a encargar de construirlo y decorarlo con un aspecto visual muy específico.

Función	Diseñador de producción	Director de arte
Nivel jerárquico	Superior, define la visión estética global.	Ejecuta y supervisa la construcción del diseño.
Colaboración con:	Director, director de fotografía	Diseñador de producción y equipo de arte.
Responsabilidad con:	Crea la identidad visual general	Hace que esa identidad cobre vida en el set.
Ejemplo práctico:	Decide el estilo de un castillo medieval en una película de fantasía	Supervisa la construcción del castillo en el set.

Es común que se confunda el papel de la decoración y el de la utilería (conocida también como props en el sistema de Hollywood o atrezzo en el sistema europeo), pero una diferencia crucial es justamente la forma en que se involucran los objetos con los personajes o más bien con los actores, es decir, hablamos de un prop cuando los objetos son manipulados el reparto de una ficción, esto va desde la inclusión de armas, tazas, teléfonos, incluso hay elementos decorativos que en un principio no suelen ser considerados como "props", sin embargo, conforme va evolucionando la historia pueden llegar a convertirse, por ejemplo, en una serie una alfombra dentro de la decoración, pero en el séptimo capítulo, esa alfombra se quema y se convierte un menester para el desarrollo de la ficción, en este caso adquiere un valor y por tanto es responsabilidad de los encargados de este subdepartamento, por así llamarlo. El máximo encargado de realizar este trabajo suele ser el Prop Máster, bueno, al menos en set, pues es el diseñador de producción quien debe involucrarse al máximo sobre la fabricación o la adquisición de utilería.

Es muy importante que consideremos los props como parte del diseño de producción desde la carpeta de producción para saber si estos se van a fabricar o se va a apostar por elementos ya hechos (por alquiler, compra o prestación), también hay que considerar que muchos de estos elementos se van a mandar a fabricar cuando por su naturaleza sean muy difíciles de conseguir, ya sea por cuestión de costo o rareza, pero en su caso también cuando sean tan singulares que no haya otros existentes, lo que suele ser más común en películas de alto presupuesto. En muchos de estos casos se considera tener a un diseñador de utilería que será el responsable de realizarla cuando no hay un trabajo existente, esto es muy común en ciencia ficción o fantasía.

Característica	Decoración	Utilería
Objetos manipulados por actores	No	Sí
Ejemplos	Cortinas, cuadros, sillas, alfombras, lámparas de fondos	Armas, copas de vino, teléfonos, libros
Responsables	Decorador	Prop Máster

Diseño de set, escenografía y construcción

En el diseño de producción, dentro del departamento de arte hay elementos que no podemos dejar afuera y uno de ellos es justamente el de la decoración. Se trata de la ambientación y vestimenta visual de los escenarios, asegurando que los espacios reflejen con precisión la época, el tono y la estética de la producción. Se encarga de todos los elementos decorativos que no son manipulados directamente por los actores. El set decorador es la persona con mayor responsabilidad en este tipo de funciones su trabajo esta estrechamente supervisado por el diseñador de producción y el director de arte, se encarga de supervisar y seleccionar todos los elementos decorativos que visten los sets, como muebles, cortinas, alfombras, lámparas, cuadros y cualquier otro elemento visual que tenga el espacio, investiga la época y la historia para dar mayor enfoque a los detalles.

Importancia de la decoración

Define la época y cultura: Una habitación llena de muebles de los años 70s automáticamente conecta mentalmente a las audiencias a esa época.

Refleja la personalidad de los personajes: Un personaje desordenado puede tener una casa caótica con revistas tiradas o platos sucios.

Refuerza la atmósfera emocional. Una cuarto oscuro con muebles desgastados puede trasmitir tristeza o abandono.

El equipo dentro del diseño de producción a considerar para cumplir con esta tarea, es el de construcción, ellos se encargan de fabricar físicamente los sets, estructuras y superficies necesarias para la producción.

Trabajan con materiales como maderas, metal, yeso y pintura escénica para construir escenografías de cualquier tamaño, desde una pequeña habitación hasta una ciudad completa en un estudio.

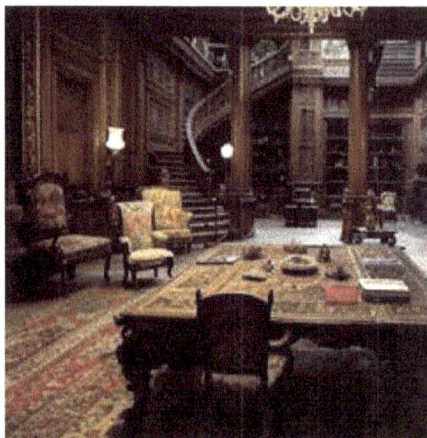

Otro equipo dentro del diseño de producción a considerar es el de construcción, ellos se encargan de fabricar físicamente los sets, estructuras y superficies necesarias para la producción. Trabajan con materiales como maderas, metal, yeso y pintura escénica para construir escenografías de cualquier tamaño, desde una pequeña habitación hasta una ciudad completa en un estudio.

El principal encargado de esta área es el escenógrafo, quien, en coordinación con el diseñador de producción y el diseñador de arte, supervisa la construcción de los sets y la fabricación de estructuras escénicas y materializa los respectivos conceptos, por ejemplo, si en una película de fantasía se necesita un castillo en miniatura para tomas a escala, él sería la persona encargada de diseñar el plan de trabajo y distribuir las tareas.

Es fundamental contemplar el diseño de sets desde la carpeta de producción, esto nos ayudará principalmente para administrar el presupuesto, el equipo de trabajo y los tiempos de producción, pues debemos de tomar muy en cuenta que la construcción de sets suele ser en muchas ocasiones la parte más costosa del diseño de producción, de hecho, en eso emana una de las razones más importantes por las que el del diseñador de producción debe estar presente en un scouting, para poder evaluar las locaciones y tener que ahorrarse dinero en términos de construcción, así, con un buen scouting, es posible que si la locación no tiene todas las condiciones necesarias que exige el guion, incluso puede ahorrarse costos al no tener que crear un set desde cero, sino apostar por adaptar el set a esas condiciones; También otro punto a considerar en esta área es la conformación de la mano de obra que exige la construcción, pues para crear este tipos de set, suele ser necesario un equipo especializados en distintas áreas que a veces incluso se consideran atípicas al cine, tales como carpinteros, yeseros, pintores, escultores e industriales escénicos. Es decir, personas con oficios demasiado singulares y que en ocasiones en nuestra industria suelen haber escasos especialistas, además, el trabajar en este tipo de obras también se requieren equipos demasiado grandes, aspectos fundamentales a considerar no solo por el diseñador de producción, sino también en temas de producción.

El set a grandes rasgos es el espacio diseñado y construido donde se desarrollan las escenas de una producción audiovisual, ya sea cine o televisión. Puede ser un lugar real adaptado o una escenografía artificial creada desde cero.

Su función principal es servir como contexto visual, reforzar la narrativa y aportar significado a la historia. El set debe responder a las necesidades estéticas, dramáticas y funcionales, considerando aspectos como:

· Época y contexto de la historia.
· Relación con los personajes y sus emociones.
· Uso de colores, texturas y composición.
· Espacio para movimiento de actores y cámaras.
· Iluminación y efectos especiales.

Existen varios tipos de set lo más comunes suelen ser los siguientes:

1. Set Denotativo

Es un **set literal y descriptivo**, que representa un espacio con fidelidad a la realidad. Se utiliza en historias donde el contexto debe ser claro y creíble. El objetivo de estos Set es no distraer, transportar a las audiencias a un escenario de realidad, conocer el tipo de sets denotativos puede ayudar a determinar desde un principio el alcance de los costos, no es lo mismo crear todo un set para una película independiente de terror, realista, que la locación cae en un práctico minimalismo a un set denotativo enfocado en la edad media, donde lo ideal sería realizar una furtiva investigación de principio a fin.

2. Set Puntual

Es un set que **se enfoca en un solo elemento clave** para transmitir información, sin necesidad de construir un espacio completo. Este tipo de set se usa en producciones con presupuestos muy indie o cuando se busca un lenguaje visual más abstracto. Por ejemplo, se va a filmar una escena en una oficina, pero en realidad la escena solo transcurre en un escritorio en específico pues no será necesario crear todo un set o armar un lugar de trabajo colaborativo, incluso puede ser que solo se necesite un solo escritorio, teniendo en claro eso, puede resultar efectivo planearlo de esa manera desde la carpeta y así al apostar por este tipo de sets, puede resultar bastante económico.

3. Set de embellecimiento.

Se utiliza para hacer que la escena sea visualmente atractiva sin necesariamente añadir información narrativa profunda. Puede incluir decoraciones exuberantes, iluminación estética y composiciones armónicas.

Este tipo de set es común en producciones de cine comercial, videoclips y publicidad, dónde comúnmente no se busca un lenguaje cinematográfico, sino que se busca crear más bien un impacto visual, cayendo más en lo gratuito.

4. Set como artificio

Es un set que **no pretende ser realista,** sino que enfatiza su construcción como parte del lenguaje visual de la historia. Un ejemplo de ellos son las películas de Pedro Almodóvar, quien no necesariamente crea escenarios tan surrealistas, pero que marca a la vez un estilo o un sello cinematográfico, con el uso de colores exageradamente saturados en su paleta de colores, otro ejemplo por antonomasia es Wes Anderson, quien busca una narrativa visual muy peculiar con el uso de colores pasteles o sus peculiares simetrías. Este tipo de sets tienen que contemplarse desde el principio, pues marca implica una mayor diligencia por parte del diseñador de producción.

También es común en teatro, donde los escenarios pueden ser completamente abstractos o estilizados, dejando claro al espectador que es un espacio ficticio.

5. Set como narración.

Aquí, el diseño del set no solo acompaña la historia, sino que también la cuenta. Se convierte en un elemento narrativo que transmite información sobre los personajes y la trama sin necesidad de diálogos. Este enfoque es común en el cine de autor y el cine de terror, donde el espacio contribuye a la atmósfera y la psicología de los personajes.

Otros trabajos claves en diseño de producción.

Además de las principales cabezas en el departamento de arte ya mencionada, en una carpeta de producción es muy necesario mencionar aquellos especialistas que pueden llegar a intervenir debido a las exigencias determinadas del guion, vamos a mencionar algunos de forma somera, pero que no encajan necesariamente en el departamento.

- **Greensman:** Responsables de la vegetación y elementos naturales en escena.
- **Artista conceptual:** Crea bocetos y arte conceptual para definir la estética de la película.
- **Charge Scenic:** Supervisa la pintura y texturas escénicas en set.
- **Pintura de imitación:** Expertos en replicar texturas como madera, mármol, o metal en superficies falsas.
- **Flameproofing:** Es un experto en incendios para la televisión, se encarga de hacer resistentes al fuego elementos escénicos.
- **Maquillista de alimentos:** Es aquel encargado de utilizar texturas, colores e incluso trampantojos en escenas enfocadas en alimentos con el fin de crear una visión más llamativa o estilizada, es muy común además de en cine y televisión en Marketing.

- **Graffiti:** Diseña e implementa grafitti para películas que lo requieren.
- **Trampantojo:** Crea ilusiones ópticas por medio de los decorados para simular profundidad o texturas.
- **Dorador:** Aplica acabados dorados a elementos de la escenografía.
- **Fabricante de plomo:** Crean detalles metálicos decorativos.
- **Joyero:** Diseña y fabrica joyería especifica para los personajes y la ambientación.
- **Diseñador gráfico:** Diseña carteles, letreros y cualquier gráfico que aparezca en pantalla.
- **Maestro de armas:** Es el encargado de coordinar las escenas dónde se utilizan todo tipo de armas, es un puesto que no necesariamente se incluye en el departamento de arte, a veces tiene una unidad propia, pero en esta ocasión decidimos incluirlo aquí.
- **Muralistas:** Especialista en la creación de murales y artes visuales en paredes y superficies.
- **Stain Glass:** Es el encargado de diseñar vitrales para medios audiovisuales y es el responsable de integrarlos tanto en el Set como en la decoración.
- **Drapemaster:** Se encarga de la creación y el diseño de cortinas, alfombras y textiles, lo cual es relevante para el vestuario del set o el departamento de decoración.
- Diseño de vestuario y maquillaje.
- Aunque también forman parte de la estética de la producción y el trabajo de estos dos departamentos o subdepartamentos están bajo la supervisión del diseñador de producción y siguen su visiónes importante mencionar a ambos dentro como un pequeño tema a parte.

Diseño de vestuario y maquillaje.

Aunque también forman parte de la estética de la producción y el trabajo de estos dos departamentos o subdepartamentos están bajo la supervisión del diseñador de producción y siguen su visión es importante mencionar a ambos dentro como un pequeño tema a parte.

El diseño de vestuario.

El diseño de vestuario en el cine es una herramienta narrativa fundamental. Aporta profundidad a los personajes, refuerza la ambientación y contribuye a la credibilidad de la historia. Un vestuario bien diseñado puede definir la personalidad, el estatus social, la evolución emocional e incluso el arco dramático de un personaje sin necesidad de palabras.

Dentro de una carpeta de producción, el diseño de vestuario debe incluirse detalladamente para garantizar coherencia visual, planeación presupuestaria y logística. En este documento se suelen agregar:

- Diseños preliminares y bocetos.
- Moodboards con referencias de materiales, épocas y estilos.
- Especificaciones de textiles y accesorios.
- Plan de adquisición

(compra, confección, alquiler).
· Cronograma de pruebas de vestuario.
· Breakdown de cambios y deterioros.

Tipos de vestuario

• **Vestuario de la época:** Requiere una investigación histórica rigurosa para asegurar fidelidad a la época retratada. Se presta atención a telas, cortes y costuras características del período.

• **Vestuario contemporáneo:** Debe reflejar las tendencias actuales o específicas de un sector social. Se diseña con base en estilos urbanos, moda de pasarela o atuendos cotidianos.

• **Vestuario de fantasía:** Suele involucrar materiales innovadores y diseños fuera de lo común. Se requiere un trabajo conjunto con el departamento de efectos visuales para crear atuendos funcionales en pantalla.

• **Vestuario especial:** Incluye trajes para acrobacias, trajes con efectos especiales y vestuario técnico adaptado para actores que requieren movilidad especial, un ejemplo de ellos son los trajes de superhéroes o de astronautas, en este caso, no necesariamente se necesita un diseñador de vestuario habitual, pues se incluyen elementos peculiares o tecnología que por su naturaleza va más allá del departamento de arte.

Otro punto a considerar es el vestuario de multitudes. utilizado en escenas con extras, como desfiles, ejércitos o eventos multitudinarios. Requiere un proceso de producción en masa, alquiler de piezas y estandarización visual para evitar errores de continuidad o mantener el realismo dentro de la producción.

Por ejemplo, en producciones de época es fundamental contemplar estos gastos y el número de extras en la carpeta.

El diseñador de vestuario es el principal responsable de la concepción estética del vestuario. Trabaja en conjunto con el diseñador de producción y el director de arte para crear un diseño coherente con la visión del filme y sobre todo con la propuesta estética. También se involucra mucho con el director de fotografía, para evitar que el uso de ciertas telas o colores pueda crear algún contraste entre el vestuario y la misma, verbigracia, el patrón moiré.

Otra cuestión que consideramos importante mencionar, es sobre el Breakdown Artist, quien es un especialista en deteriorar y envejecer la ropa para que parezca usada, rota o manchada según las necesidades de la historia. Otro especialista muy parecido es el Ager, que es un especialista que se enfoca en tratar las telas para alterar su color, textura y apariencia, dándole un acabado realista según el contexto de la escena.

El diseño de vestuario debe formar parte del dossier de producción con los siguientes elementos:
- Concept Art y Moodboards

- Lista de vestuario por personaje y escena (con especificaciones de deterioro o cambios).

- Presupuesto desglosado (compra, alquiler, materiales, equipo humano).

- Plan de mantenimiento y limpieza de piezas.

- Guía de continuidad visual (para evitar errores entre escenas filmadas en días diferentes).

Maquillaje y peluquería

El departamento de maquillaje en el cine es fundamental para la construcción visual de los personajes y
la credibilidad de la narrativa. Se divide en tres
grandes áreas:

1. Maquillaje
2. Efectos de Maquillaje (FX Makeup)
3. Peluquería y Postizos

Cada una de estas disciplinas trabaja en conjunto
con el diseñador de vestuario y la dirección de arte
para lograr una coherencia visual y narrativa en la producción cinematográfica.

Maquillaje tradicional

Este tipo de maquillaje es aquel que tiene finalidades de caracterización ya sea envejecer o transformar la apariencia de los actores sin el uso de efectos especiales. Su función principal es:

- Resaltar o disimular rasgos faciales según el tono del personaje.
- Crear looks específicos de épocas históricas.
- Simular enfermedades, heridas leves, o cicatrices sin necesidad de prostéticos.
- Diseñar maquillajes que resistan las luces del set y el tipo de filmación.

Efectos de maquillaje (VFX)

Esta especialidad está enfocada en la creación de efectos especiales aplicados directamente sobre la piel de los actores o a través de prostéticos.
Se utiliza para:

- Crear heridas, cicatrices y contusiones realistas.
- Diseñar criaturas, monstruos y seres fantásticos.
- Simular transformaciones como envejecimiento extremo o mutaciones.
- Aplicar tatuajes temporales o efectos de descomposición.

Peluquería.

Se encarga de la creación y aplicación de pelucas, postizos, extensiones y barbas, así como del peinado de los actores. Su labor incluye:

- Diseñar peinados acordes a la época y el estilo del film.
- Aplicar postizos como bigotes, barbas y cejas artificiales.
- Crear pelucas y extensiones para efectos especiales o cambios drásticos de look..

Importancia de incluir una propuesta de maquillaje en la carpeta de producción.

1. **Diseño de Personajes:**
   Bocetos e inspiraciones visuales.
2. **Listado de Materiales y Productos:**
   Desglose de necesidades de maquillaje y peluquería.
3. **Plan de Producción:**
   Cronograma de aplicación de maquillaje y efectos.
4. **Presupuesto Estimado:**
   Costos de materiales, prostéticos, productos y personal.

5. Breakdown de Maquillaje:
Descripción detallada de cada personaje y sus necesidades.

El diseño de maquillaje es un elemento fundamental en la construcción visual de los personajes. Para garantizar coherencia estilística y técnica, la propuesta de maquillaje y las pruebas con actores deben estar documentadas en la carpeta de producción. Este proceso permite definir los looks, probar productos y técnicas, y asegurarse de que el maquillaje funcione en cámara antes del rodaje.

La propuesta de maquillaje es el documento donde se detalla el enfoque estético del maquillaje en la película. Se desarrolla en conjunto con el diseñador de producción, el director, el director de fotografía y el jefe de maquillaje (en su caso) para garantizar coherencia visual.

Elementos claves en la propuesta:
- **Concepto general:**
  Descripción del estilo de maquillaje de la película (realista, estilizado, fantástico o de época).
- **Moodboards y referencias visuales:**
  Imágenes de inspiración que establecen la dirección artística.
- **Esquemas de color:** Relación con la paleta de colores de la película y la iluminación.
- **Texturas y técnicas:**
  Técnicas específicas a utilizar
- Relación con el arco narrative.

Otra cuestión muy importante es que exista un desglose de personaje y looks, cada personaje requiere un diseño específico de maquillaje. En la carpeta se debe incluir, eso sí, esto es un recuento de lo que ya se incluyó dentro del propio desglose de contenido, desde la construcción de personajes:

- **Perfil físico del personaje:** Contexto, época y estado físico del personaje.

- **Tipos de maquillaje requeridos:** Tradicional, efectos especiales, prótesis, tatuajes falsos, cicatrices, lentes de contacto, prótesis dental.

- **Evolución del look:** Si el maquillaje cambia a lo largo de la historia, verbigracia, si las heridas que sanan o maquillaje que se desgasta con el tiempo.

Pruebas de maquillaje con actores

Las pruebas de maquillaje son esenciales antes del rodaje para evaluar cómo lucen los diseños en cámara y hacer ajustes si es necesario, su importancia radica en Verificar compatibilidad con la piel del actor, pues no todos los productos funcionan igual en cada tipo de piel. También es muy importante para asegurar la coherencia con la iluminación y la fotografía, ya que el maquillaje puede verse diferente bajo distintas condiciones de luz..

Otra razón muy importante es probar la duración del maquillaje, algunas escenas requieren maquillaje de larga duración o resistente al agua e incluso evaluar la comodidad del actor en caso de prótesis o VFX, es clave para que el actor pueda moverse y expresarse con naturalidad.

Documentación en las pruebas de maquillaje que se deben incluir en la carpeta de producción:

- Fotografías de los actores con diferentes

iluminaciones.
- Notas sobre productos usados y tiempos de aplicación.
- Observaciones del director y el director de fotografía sobre cómo se ve en cámara.
- Ajustes o mejoras recomendadas antes del rodaje.

Después de las pruebas, el departamento de maquillaje realiza los ajustes finales y crea un manual de referencia con instrucciones detalladas para cada look. Este manual debe estar en la carpeta de producción y debe incluir:

- Fotos finales de cada personaje con su maquillaje definitivo.
- Lista de productos aprobados y técnicas a utilizar.
- Notas de continuidad para facilitar retoques en el set.

La inclusión detallada de la **propuesta de maquillaje y las pruebas con actores** en la carpeta de producción garantiza que el equipo de maquillaje esté preparado antes del rodaje. Esto evita improvisaciones en el set, optimiza el tiempo de trabajo y asegura que el maquillaje cumpla con la visión artística de la película.

Set Walls.

Una propuesta muy interesante a determinar como tendencia en el diseño de producción es el uso de Set Walls, es una propuesta que esta revolucionando la industria del cine y la televisión, esto nos ayuda a la vez a poder apostar por locaciones cada vez más generadas de forma digital.

Son escenarios digitales generados mediante CGI o proyecciones en pantallas LED en lugar de construcciones físicas.

Ventajas:
- No hay límites físicos ni geográficos; se puede recrear cualquier ambiente.
- Reducción de costos de producción a largo plazo.
- Facilita la filmación de escenas peligrosas o complejas sin riesgos reales.

Desventajas:
- Puede requerir un presupuesto alto para tecnología de calidad.
- El actor debe interpretar sin referencias visales reales, lo que puede ser un reto.
- Si el CGI no es de alta calidad, puede verse artificial.

Teoría del color

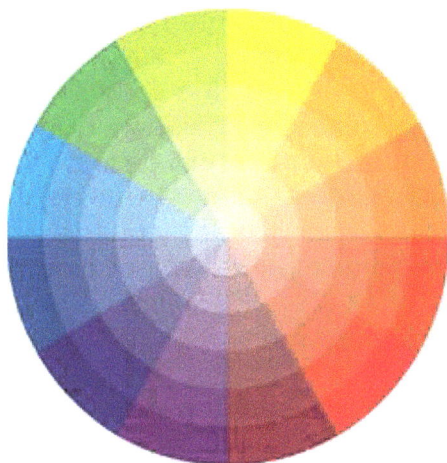

Finalmente, un tema que es base en el diseño de producción es el tema del color, en la carpeta de producción debemos justificar el uso del color en la película, mostrar referencias visuales y explicar cómo se implementará.

Para eso, hablaremos de dos cuestiones fundamentales: El uso del color como valor narrativo (psicología) y los tipos de paletas de colores.

Justificación narrativa del color

El color no es solo una decisión estética; debe servir a la historia. Su uso debe estar alineado con la evolución emocional de los personajes y el tono de la película.

En muchas ocasiones, el color se usa para reflejar el arco de un personaje, como su progresión psicológica, por decir, es muy común el cambio de colores cálidos a colores fríos en un personaje, representando por medio de los colores cálidos un momento de tranquilidad por parte del personaje y los colores fríos sus conflictos internos.

A continuación, tenemos una serie significados asociados al color, cabe mencionar, que esto puede tomarse muy en cuenta dentro de lo que es la cultura occidental, pero en realidad, el uso del color puede cambiar según las sociedades y puede transformarse según la autoría y la narrativa, por lo que esto sería más una forma arquetípica, pero no debe considerarse como una limitante.

1. Blanco: Se asocia con la pureza, la inocencia y la luz, pero también con la frialdad, el vacío, y la muerte.

En personajes, suele relacionarse con la pureza o con aquellas escenas en las que se busca resaltar la bondad. También suele relacionarse con la frialdad y el aislamiento, es decir, con lugares clínicos, estériles, donde hay una fuerte distancia emocional, pero también una falta de humanidad. Otro significado suele ser la divinidad y la trascendencia, se usa para representar lo místico. Así como el vacío en contextos donde hay una ausencia de identidad.

El blanco también es un color muy asociado con la moralidad y la paz, aunque en muchas culturas es un color bastante asociado con la muerte y la trascendencia.

2. Negro:

A nivel psicológico es uno de los colores más potentes a nivel visual, se asocia con el misterio y la incertidumbre, es decir, lo oculto, representa lo desconocido y lo inexplorado. El poder y la autoridad, pues mucho personajes fuertes y dominantes suelen usar en su vestimenta el color negro, así como también elegancia y sobriedad. A nivel psicológico representa muerte y oscuridad, simboliza el luto, el fin o lo irreversible.

Como uso narrativo el negro suele ser el color de muchos villanos o antihéroes, personajes misteriosos, incluso, muchas veces los antagonistas visten de negro para representar una amenaza. También es el color en escenarios oscuros y lúgubres, como ciudades decadentes, el crimen y la corrupción también se asocian al negro. También representa una forma estilizada y dramatismo, por ejemplo, es el color por excelencia del cine noir.

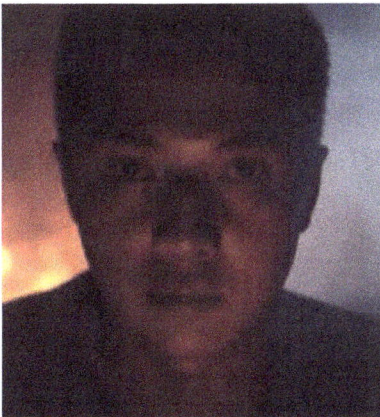

3.Rojo:

El rojo es uno de los colores más intensos y emocionalmente cargados, a nivel psicológicos se asocia con la pasión y el deseo, relacionando con el amor, la atracción y el erotismo. También representa el peligro y la violencia, representa la sangre, la agresión y la ira. En contextos más políticos simboliza el poder, la revolución y la rebelión. En muchos casos puede implicar un destino trágico como el sacrificio o la fatalidad.

A nivel narrativo, se usa mucho para resaltar la sensualidad o situaciones de atracción, por mucho tiempo ha sido utilizado el color de las "Madame Fatale", también advierte peligro y advertencia sobre la violencia inminente y amenazas. En todo caso el rojo también va a representar expresiones con una fuerte intensidad emocional.

4. Azul.

El azul es color frío y sereno, que a nivel psicológico transmite tranquilidad y confianza, orden, pero también frialdad y distancia emocional, representa personajes desapegados y depresivos. Así como melancolía y nostalgia, se usa en historias de amor y perdida.

En su uso narrativo se usan los tonos fríos para mundos distantes y deshumanizados, en películas futuristas representa la alineación, también en el cine representa la noche, es el color de la luna y representa la sabiduría reforzando a la vez la calma y la tristeza.

5. Amarillo.

El amarillo a nivel psicológico es uno de los más ambivalentes que puedan existir, puede transmitir energía y felicidad, representando la juventud y vitalidad, el

peligro y la locura, la traición y la falsedad, así como la inteligencia.

6. Verde.

El verde es un color con significados muy contrastantes, es el color por excelencia de la naturaleza y de la vida, representa el crecimiento, la fertilidad y la esperanza, pero también la toxicidad, la maldad y el peligro, puede evocar veneno, enfermedad y corrupción. No solo se asocia a lo natural, también lo es a lo sobre natural y en nuestra cultura es el color por excelencia de los celos y la envidia.

Como uso narrativo se usa para representar equilibrio y conexión con el mundo, pero en contextos urbanos, representa la decadencia y el subdesarrollo. También es relacionado con lo onírico y lo irreal.

7.Naranja.

Es el color cálido por naturaleza, a nivel psicológico puede evocar energía y entusiasmo, vitalidad, dinamismo, también se relaciona mucho con el calor y el confort, se utiliza mucho en ambientes acogedores, se asocia con situaciones extremadamente violentas y con la transformación ya sea mediante transiciones o cambios internos.

En usos narrativos, se usa en escenas cálidas y emotivas, como puestas de sol y luces suaves, en mundos futuristas para

evocar la hostilidad y es el símbolo de transformación ya sea para representar un cambio físico o emocional en el personaje, por lo que es muy utilizado en el coming of age.

8. Rosa.

A nivel psicológico es un color muy asociado con la feminidad, pero también puede trans-mitir dulzura, inocen-cia, lo superfluo o exag-erado, romanticismo y ensueño. Actualmente se busca utilizar el rosa para romper estereoti-pos de género.

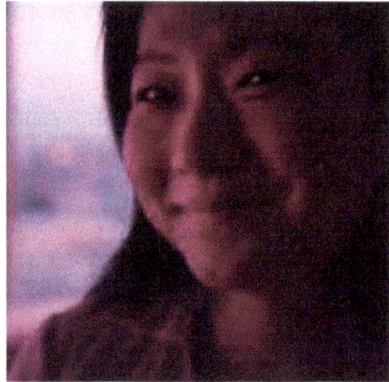

En usos narrativos, es muy frecuente verlo en la idealización femenina, en mundos surrealistas y exag-erados, aunque en estos tiempo representa también la irreverencia.

9. Marrón.

Es un color terroso, comúnmente se utiliza mucho para atenuar al ser también un color neutro, a nivel simbólico es también realismo y crudeza, representa lo mundano, también la estabilidad y la tradición, pues sugiere solidez y conexión con la tierra, evoca a tiempos pasados. Es muy utilizado para representar la decadencia y la pobreza.

En un estilo narrativo es muy utilizado en historias realistas y crudas, como en el Western y en dramas bélicos o sociales, también en ambientes antiguos o rurales, pues representa lo viejo y lo rústico. Implica en ocasiones una estética nostálgica o vintage.

10. Gris.

Es un color neutro, simboliza ambigüedad y monotonía, falta de claridad o dirección, desgaste, desesperanza, asociado con lo impersonal o la falta de emoción o la frialdad.
Como uso narrativo lo vemos mucho en distopías, personajes con una moralidad ambigua o como la representación de un vacío existencial (Mundos apagados y carentes de vitalidad)

11. Morado

El morado es un color poco común en el cine, de hecho, suele ser el menos utilizado y eso no impide que pueda tener grandes y poderosos significados.
A nivel simbólico representa poder y lujo, pues siempre ha sido por excelencia el color mayormente vinculado a la realeza. Misterio y magia, se asocia a lo místico, así como a la ambigüedad y dualidad, por lo que representa personajes complejos o andróginos. Es el color de la espiritualidad, vinculado a viajes internos y autoconocimiento. Como usos narrativos, se usa mucho en

contextos de magia y hechicería, para representar personajes con autoridad o extravagancia (poder y excentricidad), aunque con menos frecuencia se usa también en ámbitos de autodescubrimiento, en arcos narrativos de crecimiento personal.

Paletas de colores y esquemas

En la industria cinematográfica, la elección de una paleta de colores es un elemento fundamental para la estética visual y la narrativa de una película. La teoría del color ayuda a transmitir emociones, establecer el tono y reforzar el simbolismo de la historia. Existen cuatro esquemas de color fundamentales que se utilizan para crear una paleta visual efectiva:

1. Monocromática
2. Complementaria
3. Análoga
4. Triádica

Cada uno de estos esquemas tiene un propósito distinto y se elige dependiendo de la intención emocional, psicológica y estética de la película.

1. Esquema monocromático.

El esquema monocromático se basa en un solo color y sus variaciones en tono, saturación y brillo. No incorpora colores opuestos ni contrastantes, sino que juega con diferentes valores del mismo color para crear profundidad y cohesión visual.

Características principales.
- Se basa en un solo color con sus variaciones.
- Aporta **unidad, sutileza y elegancia.**
- No genera contrastes fuertes, sino armonía.
- Puede transmitir **minimalismo, nostalgia o monotonía.**
- Se usa en películas con una estética controlada y refinada.

En cuanto al impacto visual, puede generar una sensación de **claustrofobia o repetición**, ideal para representar estados emocionales de atrapamiento o rutina. También puede transmitir **pureza, calma o sobriedad.** El uso extremo de monocromatismo puede llevar a la abstracción visual, dando un efecto casi onírico.

Se usa en películas futuristas o distópicas, donde la uniformidad del color ayuda a construir un mundo visualmente controlado. En dramas o thrillers que buscan minimalismo y sobriedad y estilos visuales inspirados en el cine noir o el expresionismo alemán.

Esquema complementario.

El esquema complementario se basa en colores opuestos en la rueda de color. Estos colores crean un fuerte contraste, lo que da como resultado una imagen vibrante y llamativa.
Características principales:
- Usa colores opuestos en el círculo cromático (rojo-verde, azul-naranja, amarillo-morado).

- Genera un contraste intenso y equilibrado.
- Aporta dinamismo y energía.

En su uso narrativo genera alta tensión y dramatismo por la oposición de colores. aporta un **efecto llamativo y estilizado.** Puede usarse para representar **conflictos internos o dualidades.**

Se **usa mucho en** Blockbusters y películas de gran presupuesto suelen usar esta paleta porque es **atractiva y potente.** Es el color con mayor impacto en el **marketing cinematográfico** y es la favorita en películas con **contrastes emocionales fuertes.**

Esquema análogo

El esquema análogo utiliza colores que están uno al lado del otro en la rueda de color, lo que crea una sensación de armonía y naturalidad.

Características principales:
- Usa colores contiguos en el círculo cromático.
- Genera un aspecto natural y armonioso.
- Produce una sensación de continuidad y suavidad.
- Es ideal para películas realistas y emocionales. **Implica o transmite una** sensación de **equilibrio y tranquilidad,** puede dar un aspecto onírico o nos-

tálgico. Se usa para crear una ambientación naturalista y realista.

Es muy común en **cine de autor, dramas y cine independiente,** funciona bien en películas **emocionalmente íntimas y contemplativas.**

Esquema triádico.

El esquema triádico usa tres colores equidistantes en la rueda cromática, creando un balance entre contraste y armonía.

Características principales:
- Usa tres colores equidistantes (por ejemplo, rojo-azul-amarillo).
- Es vibrante y colorido sin ser demasiado contrastante.
- Aporta equilibrio y energía.
- Se usa en películas fantásticas, infantiles y de aventuras.

Suele tener un impacto emocional muy peculiar, pues puede dar un **look caricaturesco y lúdico.** Fun-

ciona para películas con una **estética estilizada y fuerte identidad visual,** ya que su paleta variada permite una gran flexibilidad en la composición de escenas.

Es muy usada en animación, funciona muy bien en el cine fantástico y de ciencia ficción, por lo que se emplea en producciones visualmente arriesgadas y creativas.

Cada esquema de color tiene un efecto psicológico y narrativo distinto. La elección adecuada puede reforzar la historia, potenciar emociones y crear una estética memorable. En la carpeta de producción, definir la paleta de colores con base en estos esquemas es clave para la coherencia visual del proyecto y su identidad cinematográfica.

Nota: las imágenes de este capítulo fueron creadas totalmente por inteligencia artificial.

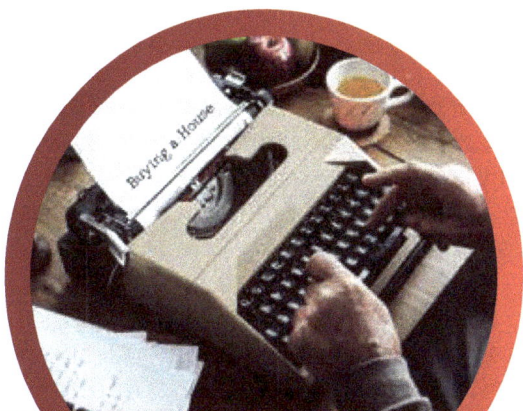

Capítulo 5
EL GUIÓN

Lo más difícil de escribir es:
saber qué escribir.

Syd Field

Por: M.A. Verónica O. Lozano

El guion es considerado la esencia de una producción. Es la columna vertebral que integra la "carpeta de producción". Es una guía durante todo el proceso, observando celosamente tanto los aspectos de contenido, creativos, técnicos y estéticos de cada proyecto.

El guion o libreto, retrata la idea que potencialmente detona todos los pasos que están a punto de cobrar vida. El guion es el punto de partida y por obvio, forma parte del proceso en la primera etapa: la preproducción.

¿Como elegir un buen guion?

Reflexionemos: Todo inicia con una gran idea que queremos llevar al éxito!, para ello necesitamos un guionista. El guionista es el arquitecto invisible detrás de cada película o serie. Aunque los actores dan vida a los personajes y los directores moldean la visualidad, es el guion quien establece la base emocional y estructural de la historia. Sin un guion sólido, incluso el mejor elenco o producción pueden quedar deslucidos.

El desafío del guionista radica en transformar conceptos abstractos en diálogos auténticos, escenas impactantes y conflictos memorables. Cada palabra escrita tiene el poder de generar risas, lágrimas o tensión. Un buen guion no solo cuenta una historia, sino que la hace sentir.

Los guionistas no solo reflejan la sociedad, también la moldean. Las historias que escriben pueden influir en percepciones culturales, generar debates sociales e incluso poner en marcha un plan de ingeniería social para cambiar mentalidades. Tienen la capacidad de abordar temas complejos y dar voz a quienes no la tienen, fomentando la empatía y la reflexión.

Otro aspecto importante por considerar en la elección del guion es el control del ritmo narrativo, una habilidad clave del guionista. Saber cuándo acelerar la acción, cuándo pausar para permitir una reflexión emocional o cuándo sorprender al público, es lo que distingue a un guion promedio de uno excepcional.

Si bien insistimos que no hay una fórmula mágica para saber cuál tema o cual historia será un exito en taquilla, sugerimos revisar los aspectos anteriores para la toma de la decisión.

Una vez decidido el tema y en consecuencia el guion, continuamos con lo práctico, la carpeta de producción.

La integración de la "Carpeta de Producción" debe contener el guion, si bien en algunos casos se incluye completo, en otras solamente un segmento importante del guion para ejemplificar el tratamiento de la trama.

Es importante incluir los datos de identificación como: Título, autor, duración, género, formato, fin, objetivo, clasificación de la audiencia a que va dirigido y el guion gráfico.

Siendo el guion la parte medular de la carpeta de producción, abundamos en algunos detalles que se deben conocer para la toma de decisiones y su inclusión en el documento.

Revisando las características de un buen guion literario, es el resultado de la elección de un tema interesante, -generalmente de interés público-, argumentos sólidos que sostengan su premisa, sustentado en investigaciones previas, pleno dominio del tema y un conflicto complejo con varios nudos. Así mismo deben incluir personajes bien construidos y la trama estratégicamente desarrollada para lograr la puesta en escena. Esto, que llamamos guion literario, más el guion técnico y el guion gráfico o story board, permiten alcanzar objetivos como:

· Atraer y mantener la atención del público objetivo.
· Administrar con eficiencia recursos.
· Optimizar el tiempo en cada escena, cada etapa y momento de la preproducción y rodaje.
· Orientar a cada miembro del staff/organigrama para realizar su tarea en tiempo y forma.

Atender con precisión los puntos supra citados, permitirán llegar a la concreción de una producción audiovisual de nivel profesional.

Consideremos que un guion es un texto que desde su origen se planea para ser convertido en dos lenguajes audio y video. Es la guía para la realización de una obra audiovisual en los más diversos formatos o estructura de su contenido. Aunque el tema que nos ocupa se concentra en cine y televisión, no podemos dejar de mencionar que el guion se utiliza para muy diversos objetivos según el medio a través del cual se van a trasmitir: enlistamos algunos de estos citados por Marco Julio Linares en su libro El Guión:

1. Guion para espectáculo, proyecciones multimedia o multipantallas
2. Radio
3. Televisión
4. Cine
5. Redes Sociales

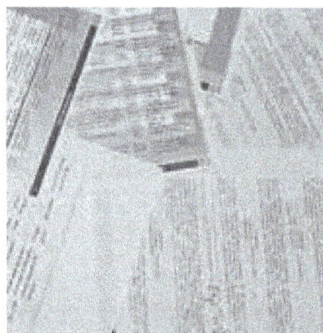

El guion es la esencia de una producción audiovisual.

El género

Los guiones escritos para la radio, el cine, la televisión, teatro y los medios digitales, abarcan una gran variedad de géneros, que permiten clasificar los contenidos en informativo, ficción y entretenimiento, principalmente, con algunas subdivisiones según sus características temáticas, estilísticas y emocionales. Algunos de los géneros más comunes en el cine son:

1. Acción: Películas que se centran en escenas de gran dinamismo, como persecuciones, luchas, explosiones y otras situaciones intensas. Ejemplo: Die Hard (1988).

2. Aventura: Generalmente incluyen viajes o misiones emocionantes, a menudo con un protagonista que enfrenta grandes desafíos. Ejemplo: Indiana Jones (1981).

3.Comedia: Buscan hacer reír al espectador mediante situaciones humorísticas, diálogos cómicos o personajes excéntricos. Ejemplo: La Máscara (1994).

4. Drama: Centrado en conflictos emocionales profundos y situaciones serias o conmovedoras. Ejemplo: Forrest Gump (1994).

5. Terror: Películas que buscan asustar al espectador, creando atmósferas de miedo, suspenso y tensión. Ejemplo: El Exorcista (1973).

6. Ciencia ficción: Se basa en especulaciones científicas o futuristas, a menudo explorando temas como el espacio, la tecnología avanzada o los viajes en el tiempo. Ejemplo: Star Wars (1977).

7. Fantasía/Ficción: Películas que presentan elementos sobrenaturales o mágicos en mundos imaginarios. Ejemplo: El Señor de los Anillos (2001).

8. Romántico: Centrado en historias de amor y relaciones sentimentales. Ejemplo: Titanic (1997).

9. Misterio: Películas que giran en torno a la resolución de enigmas o crímenes. Ejemplo: El Secreto de sus Ojos (2009).

10. Suspenso: Genera tensión y ansiedad, manteniendo al espectador en vilo a través de situaciones impredecibles. Ejemplo: Psicosis (1960).

11. Thriller: Similar al suspenso, pero con más enfoque en situaciones de peligro, intriga y acción. Ejemplo: Seven (1995).

12. Musical: Películas en las que la música y el canto desempeñan un papel fundamental, tanto en la narrativa como en la expresión emocional. Ejemplo: La La Land (2016).

13. Documental: Busca representar la realidad de manera objetiva, a menudo centrándose en hechos, personas o temas sociales. Ejemplo: Won't You Be My Neighbor? (2018).

14. Western: Ambientadas en el Viejo Oeste, suelen centrarse en vaqueros, pistoleros y enfrentamientos en paisajes rurales. Ejemplo: El Bueno, el Feo y el Malo (1966).

15. Histórico: Basado en eventos o figuras históricas, a menudo dramatizados para contar una historia más atractiva. Ejemplo: Gladiador (2000).

16. Animación: Películas hechas mediante técnicas de animación (tradicional, digital, stop-motion). Ejemplo: Toy Story (1995).

17. Beletrística (o cine de autor): A menudo caracteriza películas con un enfoque muy personal del director, con una fuerte presencia estilística y temática que reflejan una visión particular sobre la vida. Ejemplo: Pulp Fiction (1994).

18.   Biográfico. Historia personal o profesional de algún personaje. Con temas de su vida, retos, desafíos, luchas o logros que enfrentó o aún los vive. La Teoría del Todo (2014).

Estos son solo algunos ejemplos, pero dentro de cada género como mencionamos anteriormente, pueden existir subgéneros y fusiones de diferentes tipos de contenidos, creando una vasta diversidad de películas, series, programas, etc.

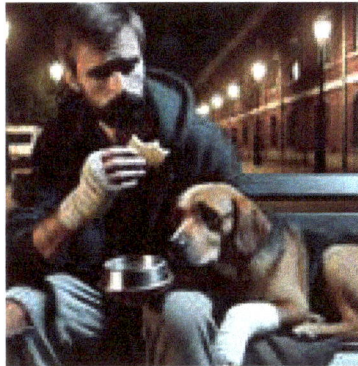

En el tratamiento o trama de un guion, la imaginación es el límite, desde un tema que nos permita razonar hasta uno que pretenda persuadir al público y lo adentre en lo mas profundo de sus emociones. Foto IA, cortesía de Andrés Manuel García.

Clasificación de formatos

Luego tenemos clasificación por formato, que es la forma en que se estructura el contenido. Los más comunes son:
Libreto/guion dramático a una sola columna. Libreto completo a una sola columna contiene cada palabra del diálogo y descripciones de acción de personajes, proporciona mínimas instrucciones de visualización y secuencia.
Libreto/guion A/V a dos columnas. Las instrucciones

de video se colocan en la parte izquierda de la página, y las de audio incluyendo diálogos en la columna del lado derecho.

Guion de noticiario. Contiene cada palabra que dice el presentador, excepto los comentarios de la charla improvisada, además de instrucciones para las fuentes de video utilizadas. Un "paquete" es una historia previamente grabada y editada que contiene la intervención de un reportero en locación y personas entrevistadas.

Guion de programa (pregrabado o en vivo) Contiene solamente información de video esencial en la columna izquierda y los comentarios e intervenciones de los conductores de apertura y cierre en la columna derecha.

Libreto/guion completo en formato A/V. Formato que contiene a detalle las indicaciones técnicas de video como de audio utilizado infaliblemente en producciones cinematográficas.

Mencionamos ejemplos de las distintas aplicaciones como: los noticiarios, entrevistas, series, storytelling, miniseries, documentales, docuseries, reportajes, telenovelas, magazines, concursos, galas, reality shows, películas para cine o televisión, sitcom, mockumentary y muchos otros más.

Fin/intención

Aristóteles, influyente filósofo de la Grecia clásica (350 a.C.) afirmó que **toda comunicación tiene como fin persuadir,** frase que hoy más que nunca se confirma. Los fines que se persiguen con una producción tienen un poderoso impacto en los espectadores y tratándose de comunicación de masas, son millones de personas, o quizás billones que se influyen. En una producción audiovisual, desde un comercial de 10 segundos hasta un largometraje, se clasifican en: fines ideológicos/propagandísticos (ejemplo las religiones, gobiernos o partidos políticos). Fines comerciales o de mercadotecnia (cuyo objetivo es vender o lucrar), fines informativos, educativos, de entretenimiento, etc. Y las combinaciones son comunes para la consecución de objetivos particulares y específicos.

Clasificación según la duración

La duración del producto audiovisual final varía de forma importante de acuerdo con su aplicación y a las necesidades específica de cada proyecto en particular.

A nivel mundial, no existe un estándar único que regule de manera estricta la clasificación de las producciones televisivas y audiovisuales según su duración. Sin embargo, varias organizaciones internacionales y normativas regionales, como la Unión Internacional de Telecomunicaciones (UIT) y UNESCO, proporcionan guías y definiciones que se utilizan ampliamente. En general, las clasificaciones varían según el tipo de medio (televisión, cine, streaming) y el contexto de la producción (televisiva, cinematográfica, etc.).

Clasificación según duración a nivel internacional Aunque no hay una norma única globalmente aceptada para la duración de los programas, las categorías más comunes incluyen:

1. Microprogramas o Programas Cortos:
Menos de 15 minutos. En esta clasificación y con la variedad de producciones que han surgido tenemos desde mini-reportajes de 3 minutos, cápsulas informativas, etc.

2. Programas de Duración Estándar: Los programas de televisión convencionales suelen tener entre 30 y 60 minutos de duración, aunque varía según la región.

3. Largometrajes: Las producciones cinematográficas y algunas producciones televisivas o de streaming se consideran "largometrajes" si su duración supera los 60 minutos. Las películas producidas con fines comerciales tienen una duración promedio de 120 minutos.

4. Cortometrajes: Las producciones audiovisuales de duración inferior a 30 minutos son comúnmente clasificadas como cortometrajes, tanto en el cine como en la televisión.

La clasificación específica puede variar dependiendo de las regulaciones de cada país o región, y de la plataforma en la que se distribuyan los contenidos (televisión abierta o por cable, cine, plataformas de streaming, etc.).

Clasificación según las audiencias

Al escribir o elegir un guion -sobre todo con fines comerciales-, se recomienda considerar la clasificación de las audiencias, para ofrecer al público o mercado meta, contenidos según perfiles específicos. La segmentación es necesaria para categorizar audiencias bajo diferentes criterios, como la edad, intereses, género, estilos de vida, ubicación geográfica o el contenido de los programas o películas. Estas clasificaciones ayudan a los guionistas, medios y productores a adaptar los contenidos a las necesidades y expectativas de su target o audiencias objetivo.

Cabe aclarar que una parte importante de los guionistas, dedican su trabajo para el "cine de autor o cine de arte". Escriben sus obras inspiradas en experiencias de vida (propias o de terceros), casos o fenómenos registrados en algún punto geográfico o bien en la historia, predominando en sus ideas, los hechos o eventos reales tal como sucedieron, es decir inspirados desde la realidad, las emociones y sentimientos sin considerar la aceptación o posible rechazo a su obra. Obras realizadas desde la libertad de pensamiento, sin censura y que no sirven a intereses económicos, políticos, sociales o culturales.

A continuación, se presentan algunas de las clasificaciones más comunes:

Clasificación por Edad

Una de las clasificaciones más comunes se basa en la edad del público objetivo. Algunos ejemplos incluyen:

• **Público Infantil:**
Dirigido a audiencias de los 0 a 12 años de edad. Contenidos controversiales, ya que suponen la salud mental y formativa para el interés superior de los niños, situación en ocasiones que se contrapone con la realidad.

• **Para todo público (TP):**
Contenido adecuado para todos los grupos de edad, sin restricciones.

• **Apta para mayores de 7 años (7+ o PG):**
Programas que pueden incluir algunos temas que requieran supervisión parental.

• **Apta para mayores de 13 años (13+ o PG-13):**
Contenido que puede incluir lenguaje fuerte o situaciones de madurez moderada.

• **Apta para mayores de 18 años (18+ o R):**
Contenido que puede incluir lenguaje fuerte, violencia explícita o situaciones sexuales.

• **Apta para mayores de 21 años:**
Para contenidos con temas muy explícitos y fuertes en temas como violencia, uso del lenguaje, sexo, consumo de drogas, etc.

Expresar las ideas en palabras, el reto de un guionista; y las palabras en imágenes, el gran reto de un director de fotografía.

Clasificación del guion según su función

Entre las diversas clasificaciones de guiones, hay tres tipos necesarios para describir con precisión la expresión de una producción audiovisual, según su función, estos son:
• **Guion literario**
• **Guion técnico**
• **Guion Gráfico o "Story board",**

Analicemos sus características y como se elaboran cada uno de ellos:

El guion literario.

El guion literario (historia dramática o no dramática) es propiamente el contenido de la historia que va a ser desarrollada. Puede ser idea original o bien la adaptación de una obra literaria ya existente y pensada como tal, pero retomada para llevar el contenido a la pantalla.

El guion literario conocido también como script, es el documento base para el rodaje y edición de una producción que se proyectará en medios de comunicación como la radio, televisión, cine, redes sociales, multipantallas en exterior, etc. Su función principal es sentar los pilares de la historia, saber cuál es el argumento o tema, sin incluir cuestiones técnicas de cómo trasladar las tramas a imágenes.

Por lo tanto, es importante destacar que el guion literario no incluye indicaciones técnicas, ya que estas se contemplan en el guion técnico.

El guion literario incluye acciones y diálogos de los personajes, así como detalles de los escenarios y acotaciones para el trabajo de los actores. En resumen, el guion literario se centra en la narrativa, la historia, los personajes y los diálogos.

El contenido de un guion consiste en determinar la idea central y narrar la línea estructural e ir desglosando el texto en diálogos, escenas, secuencias. Describe los personajes y sus movimientos, las acciones, los ambientes y atmósferas que se construyen, los conflictos, los objetivos, etc.

Hay diversas plataformas digitales que ofrecen plantillas ya preparadas para ir llenando espacios con los contenidos según cada obra. Hay formas específicas y estandarizadas para presentarlas si se pretende comercializarlas o simplemente elevarlas al plano profesional. Entre otras mencionamos Celtex.com, que te permite utilizarla gratis los primeros guiones, CINEDFEST, www.abcguionistas,com etc.

Aunque no es el tema de este libro, mencionaremos someramente en que consiste el formato más común de guion literario estandarizado para el género dramático:

Los guiones literarios de una historia dramática se escriben en un formato propio que permite que el texto pueda ser interpretado sin dificultad por todas las personas que intervengan en la realización de la producción, sobre todo los actores que participan con sus diálogos e intervenciones en general. Se escribe en tiempo presente evitando el uso de gerundios y de manera que todo lo que se escribe se puede "ver" u "oír", es decir convertirse en una acción auditiva o visual.

¿Cómo se realiza un guion?,

¿Qué elementos lo conforman?

Portada de Presentación.
Al inicio, como todo documento, el guion deberá presentar una portada con los datos de la propuesta de producción: el título, guionista o escritor a quien se le atribuye ese trabajo, género, formato propuesto, objetivo. Estos temas son referidos en capítulos anteriores de este libro.

Contexto Inicio.
El contenido del guion inicia estableciendo las bases del contexto, es decir, donde se desarrolla la obra, en qué momento nos debemos ubicar como

lectores, qué ambiente se percibe, descripción concreta del escenario y lo más importante, alguna manifestación de vida que hubo, que hay o que habrá.

Escena.
El primer dato que aparece es la escena enumerada. Se menciona el orden de las escenas iniciando por No. 1 y continúa sucesivamente

Encabezado.
La primera línea, consiste en la mención de las características de la escena a realizar y contiene 3 datos concretos: 1) si es en un decorado interior (INT) o exterior (EXT), 2) el lugar concreto donde se va a grabar y 3) si es de día (DIA) o de noche (NOCHE). Esta información se coloca en la parte superior, a modo de título, para que sea claro y visible. El encabezado se escribe con mayúsculas y Negritas.

Acción.
Después del encabezado de la escena, va escrito en el guion una descripción sobre la escena. ¿Cómo debe hacerse esa descripción? Se describe brevemente el lugar, el ambiente incluyendo algunas particularidades que puedan abonarle a la historia.
El guion literario se redacta en presente y en tercera persona, de forma que se entienda perfectamente la acción que se va a desarrollar, por ejemplo, con frases como "el hombre sube las escaleras...", "carraspea y apaga el cigarro...". Los verbos en presente y de manera que lo que narremos se convierta en algo visible y/o audible.

Personajes.
La primera vez que aparece el nombre de un personaje se escribe en mayúsculas, se anota la edad del personaje entre paréntesis y centrado. Se incluye información de cualquier gesto importante que el

personaje deba hacer mientras habla, o del tono de voz, lo anotamos como una acotación, que escribiremos a un lado o justo bajo el encabezado, entre paréntesis.

Diálogos.

En uno o más párrafos se muestran las palabras que pronuncian los personajes, cada párrafo de diálogo, lo precedemos del nombre del personaje correspondiente, en mayúsculas y centrado.

No se incluyen aspectos técnicos, pero si se deciden incluir, las descripciones de aquellos sonidos, efectos y/u objetos también los escribimos en mayúsculas ejemplo: "NEBLINA ESPESA EN LA CARRETERA...".

Entre escena y escena se menciona el efecto para la transición entre una y otra, Ejemplos: CORTE, FUNDIDO/FADE, etc. Y este dato se coloca al lado derecho a la altura del encabezado cada escena. Ilustración

Lo más importante es tener un buen guion.
Los cineastas no son alquimistas.
No se pueden convertir los excrementos
de gallina en chocolate.
Billy Wilder

El guion técnico.

El guion técnico es el contenido de la historia agregando las indicaciones técnicas precisas para el rodaje. Es la interesante tarea de contar la historia a través de la "mirada de la cámara y micrófonos", enriqueciendo el proceso con música, efectos especiales, etc. Aquí es donde la creatividad "se pone en marcha a todo vapor" para crear esa magia que atrapa al espectador y lo mantiene sin parpadear.

El guion técnico se diseña con estrategia para ir administrando la información según las dosis requeridas, es cuando el momentum y la técnica se conjugan en el instante preciso para ofrecer información o generar aprendizajes, sensaciones o emociones inevitables en las audiencias. Así mismo el guion técnico es una guía que organiza detalladamente la participación del staff que participa en la producción, desde el director, actores, técnicos, creativos o auxiliares.

Este documento es necesario sobre todo en la etapa de producción, es decir durante el rodaje y montaje o edición. Se elabora asignando como mínimo una columna para los siguientes contenidos: escena, tiempo, audio y video. Se debe de presentar el documento, clasificando la información en columnas. Se asigna una columna para los diversos contenidos y técnicas.

Se debe expresar en términos de sintaxis televisiva y/o lenguaje cinematográfico, hay que conocer esta terminología. En otro capítulo dedicamos un espacio para desarrollar el tema. Entonces consideramos columnas para anotar los siguientes conceptos:

1. **Número de escena,**
2. **Tiempo programado y sincronizado con las acciones**
3. **Breve descripción del contenido de cada imagen**
4. **Planos**
5. **Movimientos de cámara**
6. **Perspectivas**
7. **Transiciones**
8. **Audio (indicaciones técnicas, música o VOZ en OFF o VOZ en ON)**
9. **Iluminación de DIA o NOCHE**
10. **Escena en interior (INT) o exterior (EXT)**

La "Clica", modo coloquial de identificar al típico tablero que se utiliza para organizar las escenas y materiales audiovisuales que se graban durante el rodaje

Se incluyen tantas columnas como el director considere necesario, ya que no hay "formulas infalibles", este número depende de la naturaleza del proyecto y de las indicaciones del director, sin embargo, hay que destacar que serán mínimo cuatro columnas; tiempo, contenido de la imagen, lenguaje televisivo o manejo de video (planos, movimientos, perspectivas, etc.) y audio. Se puede incluir una columna para planear la participación de los actores por escena. No es correcto o incorrecto, sencillamente diferente.

En el cine -considerado el séptimo arte-, se cuidan escrupulosamente los detalles de todos los lenguajes que intervienen en la producción; además de los citados anteriormente, se consideran: iluminación, vestuario, maquillaje, peinado, escenografía, utilería, etc.

En contra parte, la producción de televisión sobre todo la de trasmisión de programas en vivo o "daily shows", noticiarios, entrevistas en vivo, etc. es diferente: se definen las políticas institucionales de cada programa y se plantean líneas en lo general, según se presente cada circunstancia. Es decir, es un guion más flexible y permite la improvisación con diálogos más flexibles.

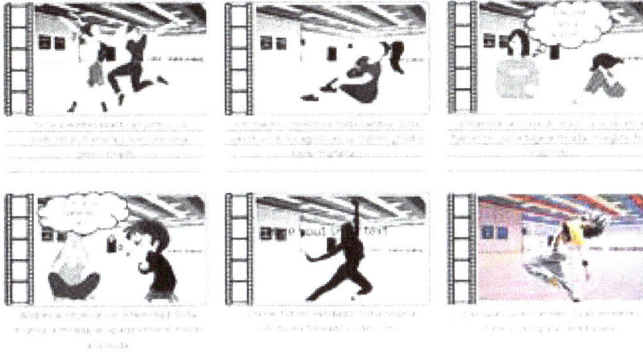

El guion gráfico conocido como Story Board, documento indispensable para empatar criterios entre quienes colaboran en una producción audiovisual. Diseño aportación del estudiante Kevin Gerardo Cabrera.

El Guion Gráfico

De la idea a la imagen.

El guion gráfico o story board, es un documento que sintetiza la historia en imágenes, es decir, un conjunto de imágenes que ayudan a visualizar gráficamente elementos, ideas y conceptos. En recuadros, se pueden representar de forma sencilla campañas completas de Marketing o una producción de inobjetable éxito en las salas cinematográficas.

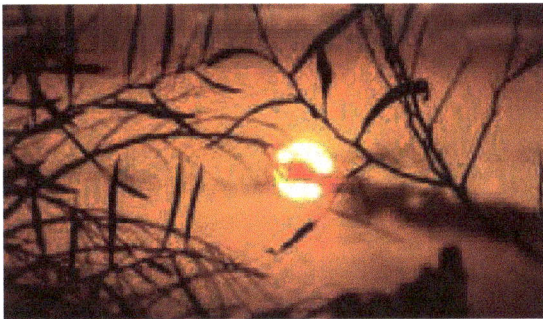

El manejo de la luz es un arte en el cine, comparable a un pintor ante su lienzo y su pincel.

Como podemos ver hasta este punto, se basa totalmente en la imagen y es muy útil al tratar de empatar criterios entre los involucrados en la propuesta de producción, iniciando con las imágenes generadas en la mente del guionista y trasmitirlas al director que las llevará a la pantalla, este a su vez al staff de creativos, a clientes o posibles patrocinadores del proyecto.

La técnica
La técnica para elaborarlo es realmente sencilla. Partiendo de la base de que cada proyecto es único, de las siguientes pautas tu creas tu propia pizarra.

El número de recuadros varía y es totalmente a criterio del guionista, puede ser una sola imagen que se utilice para presentar el tema como es el caso del poster de promoción de un programa o una película. Pueden ser 2,3,4,6,8, o las que se necesiten para explicar lo más fielmente posible la idea y el concepto. Un promedio de recuadros de imágenes serían 6, pues te permiten fácilmente explicar los tres momentos de una obra dramática planteamiento, desarrollo y desenlace.

Para definir el número y contenido de los recuadros, se recomienda basarte en la **escaleta** del guion literario. La escaleta es un resumen cronológico. Es un mapa narrativo de la historia antes de desarrollarla en diálogos y detalles específicos. Es la división de un guion en secuencias y describe - sin incluir diálogos- la estructura de la historia siguiendo el hilo conductor. Son tres actos principalmente: presentación, desarrollo y desenlace, eso se traduce en: contexto, acción, los nudos de la historia, la evolución narrativa, conflictos entre personajes, clímax y desenlace o conclusión. La escaleta lo podemos comparar con el índice de un libro. Se escribe en frases cortas, muy genéricas.

Escena durante el rodaje del cortometraje "Psicosis Posparto", guion de Oliver Chávez. En la fotografía: Miguel Ángel, Myrna Michele, Aron Masiel y Kevin, estudiantes de la carrera de Ciencias de la Comunicación de la UACH.

Los recuadros

La técnica por utilizar en un story board es totalmente libre. Pueden ser recuadros con viñetas, trazos, dibujos muy elaborados o bien hasta fotografías que retraten fielmente colores e ideas del concepto, minimizando el margen de error.

Se recomienda identificar tu story board colocando un "recuadro de identificación" conteniendo los datos de una ficha técnica que incluye: título, guionista, tiempo propuesto del producto final, género, formato, objetivo y fecha de elaboración.

Estos tres documentos: el guion literario, el guion técnico y el story board, permiten organizar con precisión ideas y conceptos, para la planeación precisa y eficiente de un producto audiovisual.

Es complejo el procedimiento que se requiere para trabajar un guion: se desglosa y clasifica el contenido, para proceder a las diversas actividades de cada miembro del crew (actores), staff (técnicos) y creativos o asistentes.

El Contenido

¡Sin conflicto no hay historia!
Por: M.A. Verónica O. Lozano

La Carpeta de Producción en la entrega de un primer momento, no requiere de la inclusión del guion completo, sin embargo, es un documento que debe estar listo para su entrega en cuanto lo requiera la contraparte. Por ello le dedicamos este espacio.

Hemos concentrado el tema en la parte técnica y práctica de la elaboración de un guion, ahora pasemos a la estructura misma del contenido, es decir el arte de escribir.

Un buen tema o un buen drama operan en el espectador a nivel consciente e inconsciente, recibiendo información explícita o implícita como mensaje subliminal.

El escritor crea, piensa, siente y escribe el guion, por su parte los actores, lo actúan, lo dramatizan, lo intensifican y lo trasmiten para conectar con el público. La obra se diseña cuidadosamente: cada palabra, cada acción, cada evento, cada escena y las secuencias que lo conforman.

El Tema.
Lo primero es elegir el tema. Es importante plantearse algunos cuestionamientos iniciando por definir si la historia se genera por un conflicto intrapersonal, interpersonal o externo, circunstancias fuera de control. El conflicto es el motor de cualquier guion. Algunos ejemplos de temas centrales incluyen:
- **Amor y relaciones:** Amor prohibido, traición, reconciliación.

- **Supervivencia:** Lucha contra la naturaleza, enfermedades, enemigos.

- **Venganza:** Ajuste de cuentas, justicia personal.

- **Redención:** Superación de errores, transformación personal.

- **Poder y ambición:** Ascenso y caída, corrupción.

- **Identidad:** Búsqueda personal, choque cultural, autodescubrimiento.

¿Quién es el protagonista?, ¿Qué busca?, Qué necesita?, ¿A dónde quiere llegar?, ¿Qué debe lograr?, ¿Qué sueño aspira alcanzar? ¿Cuál es la acción de su historia? ¿Cuáles son sus retos, sus desafíos? ¿Qué papel juega el antagonista?

¿Qué ocurre?, ¿un evento importante?, ¿documentando la historia?, ¿será un tema biográfico?, ¿una pandemia?, ¿una contingencia?, ¿una catástrofe?

Se debe decidir si es la historia de un evento con una fuerte carga emocional, o una historia romántica enmarcada en un evento. Si se inspira en hechos reales, o es producto de la fantasía, o una interesante mezcla de ambos.

Cualquiera que sea puede abordarse desde diferentes perspectivas, dependiendo de lo que se desee lograr. La premisa, o punto de vista del guionista, es lo que traza el tratamiento de la trama. Como ejemplo citemos un tema polémico: el aborto. Si la obra lo plantea como un derecho o como un delito. En qué territorio y en cual momento.

Hilo Conductor

Para trabajar un tema es indispensable identificar el **"hilo conductor"**. Es la médula de tu historia. Es la línea de acción, una narrativa determinada, concisa y ajustada. Una línea de desarrollo del punto "A" al punto "B". Será como un "faro" o guía que impulse la historia. ¡No lo pierdas!

Hilo conductor es la idea central de la estructura dramática, es la esencia del hecho, lugar, tiempo o persona alrededor de la cual se construye la "gran historia". No debe descuidarse a pesar de tener otras historias paralelas, secundarias o simultáneas.

Un guion siempre se mueve hacia delante, siguiendo una dirección, hacia la resolución o desenlace. Hay que mantener el rumbo a cada paso del camino. Cada escena, cada fragmento tiene que llevarlo a alguna parte, haciéndolo avanzar en términos de desarrollo argumental.

Síndrome del "papel en blanco"

La Escaleta

Una vez que se ha decidido el tema, la imaginación empieza a "generar ideas, más ideas y más ideas"!, ¿pero por dónde se inicia? No existen fórmulas mágicas, sin embargo, un ejercicio importante que ayuda en avanzar es la elaboración de la escaleta.

La escaleta es un resumen cronológico que ayuda a poner orden a las ideas, lo podemos comparar con el índice de un libro.

Primero: se piensa en tres actos, planteamiento, conflicto y resolución. A partir de ahí, se van agregando "tropiezos", nudos o conflictos a la historia para hacerla más compleja y agregar puntos de interés, a estos momentos que tensan la historia se les conoce como "plot points" en el argot de los escritores. A mayor dominio del tema, los puntos de inflexión harán más fácil la inmersión en el conflicto y consecuentemente atraparán la atención del público.

Estructura dramática

Dramatizar una situación significa manipular los elementos para crear una interpretación de esta. No es la situación original, sino la versión de ella. Es una situación cuyos componentes están deliberadamente seleccionados y arreglados o presentados con el fin de crear un efecto determinado en la audiencia, esto se le conoce como línea estructural.

La materia prima con la que cuenta el guionista para crear su obra son los elementos de la estructura dramática, estos son:

Cronos: El tiempo es un elemento indispensable para transformar en experiencia los hechos. Se pueden plantear lentamente o de forma abrupta y psicológicamente tendrán un efecto muy diferente. El manejo del tiempo en manos de un guionista es una ilusión.

• Cómo se interactúa con el tiempo: ¿de forma lineal?, ¿en retrospectiva? ¿alterando el orden lógico del tiempo? "In Medias Res"? Técnica que consiste en empezar a contar la historia desde un punto intermedio. Tenemos ejemplos maravillosos como:
De regreso al Futuro (1985), El Curioso caso de Benjamín Button (2008), Origen/Interception (2010), etc.

• **Acciones.** Cómo pueden dinamizarse las acciones. Todas las acciones deben aportar algo a la trama de manera efectiva deben ser válidas en el contexto del género (realismo o ficción, fantasía). Las acciones deben ser innovadoras no repetitivas y predecibles. Elegir el tratamiento del tema: predominando el diálogo, o dar vida a través de acciones, esto marca la cadencia o ritmo de la producción. Ejemplos: Godzila y King Kong, El Nuevo Imperio (2024), Saga cinematográfica de los X Man (2000 al 2020).

• **Espacio.** ¿Cómo se interactúa sobre el espacio, lugares?. Se eligen los lugares donde se desarrolla la acción, imágenes bajo el mar (Titanic 1997), Es el espacio (Star Wars, Saga 1977... 2023) en un lugar inexistente (Nosferatu 2024), en el diminuto mundo de los juguetes (Toy Story 3 2010) siempre teniendo presente que se convertirán en video. Al escribir el guion debemos imaginar y describir con el mayor detalle posible los escenarios y la posibilidad real de estar en el lugar donde se grabará. Habrá que ubicarlos, crearlos o bien recrearlos. Braveheart (1995) Yellowstone (2018).

• **Atmósfera.** ¿Cómo se crea una atmósfera? Simbolismo: ¿Las acciones refuerzan los temas o mensajes centrales? Profundidad: ¿Van más allá de lo superficial y contribuyen a una reflexión más profunda? Ejemplo: Influencias de algo o de alguien que manipulan el clima de la obra.

• **Suspenso.** ¿Cómo se gestiona el suspenso? Intensidad: ¿Generan emociones fuertes, como tensión, sorpresa o empatía? ¿Mantienen al espectador interesado en lo que sucede? Difieren la resolución de casos o su cumplimiento. Maneja incertidumbres, traiciones, misterios, secretos, etc. (Conclave 2024)

• **Personajes.** ¿Cómo se caracteriza a los personajes?. Motivaciones: ¿Las acciones de los personajes tienen sentido dadas sus personalidades y circunstancias? ¿Son coherentes sus acciones con su perfil? ¿Qué hay de sus antecedentes? ¿Marcó su vida alguna discapacidad o un superpoder? ¿El protagonista es suficientemente fuerte para sostenerse en las crisis del conflicto? Ejemplos: Equipaje de Mano (2024), La vida secreta de tus mascotas 2 (2019). Serie: House of Cards (2013-2018), La Forma del Agua (2017).

Niveles de Conflicto
El conflicto que genera el guion puede ser de 3 niveles:

• Intrapersonales: el personaje y sus problemas. Emocionales, mentales, físicos, nuestros propios "demonios", etc.

• Interpersonales: Conflictos con otras personas (carácter, falta de empatía, sentimientos como egoísmo, envidia, avaricia, abusos, injusticia, circunstancias, etc.)

• Extra-personales: Vida pública, imagen, circunstancias, catástrofe climática, momentos políticos, leyes, "lugar equivocado a la hora equivocada", cierto momento político, etc.

La cámara herramienta básica para la expresión audiovisual.

La cámara herramienta básica para la expresión audiovisual.

Lenguaje Cinematográfico vs Sintaxis Televisiva

Para redactar un guion es necesario conocer el lenguaje cinematográfico y la sintaxis televisiva, que son precisamente:

• En la televisión: el conjunto de reglas, convenciones y técnicas utilizadas para organizar y transmitir contenidos de manera efectiva.
• En el cine; además de lo anterior, el conjunto de códigos visuales y narrativos que permiten contar una historia.

El SXXI y la globalización sin duda revolucionaron la producción de estos medios de comunicación, incorporando herramientas, efectos especiales e innumerables programas de software que permiten la manipulación total de las imágenes, sin embargo, los principios permanecen y se conserva gran parte de la forma en que se expresan estos medios audiovisuales desde la televisión análoga. Cómo se convierten las palabras en acciones y cómo las acciones se retratan en un recuadro, ésto es fotografía pura, elevada a un nivel sublime con mensajes que en ocasiones van más allá del mundo visible.

Un guion bien estructurado concilia el contenido con la técnica y el arte, los tres pilares que dan significado y energía a la imagen. Ninguno es más importante y coexisten estos tres conceptos de principio a fin en una producción audiovisual.

Si comparamos las características de los dos medios, percibimos algunas diferencias como ejemplos, la televisión:

• **Edición rápida y segmentada:** Uso de cortes rápidos para mantener la atención del espectador.

• **Multicámara:** En programas en vivo o series de estudio, se usan varias cámaras para capturar diferentes ángulos sin interrupción.

• **Ritmo dinámico:** La televisión busca ser atractiva y ágil, por lo que suele haber menos planos largos y mayor énfasis en el montaje.

• **Uso de rótulos y grá**ficos: Se emplean textos, infografías y efectos visuales para complementar la información.

• **Interacción con el espectador:** Especialmente en programas en vivo, hay recursos como encuestas, redes sociales y participación directa.

El cine o el lenguaje cinematográfico está pensado a otro nivel, quizás un público más observador y exigente, por lo que se planea con mayor atención en el detalle fino de cada composición fotográfica y la cinta sonora.

Diferencias clave

• La televisión busca inmediatez y dinamismo; mientras que el cine trabaja con mayor planificación y profundidad estética.

• La televisión tiende a ser más informativa e interactiva; el cine más artístico y narrativo.

• En la televisión predominan los planos cerrados y montaje acelerado; en el cine se exploran más los planos largos y composiciones visuales detalladas.

Ambos comparten algunos elementos, pero sus objetivos y maneras de contar historias son diferentes.

Entre los elementos que comparten y observan durante el rodaje y posproducción destacamos:

- **Lenguaje visual/ Plano y encuadre:** La elección del tamaño y composición de los planos para transmitir emociones o ideas.

- **Movimiento de cámara:** Uso de travellings, panorámicas, steadicams, etc., para guiar y concentrar la mirada del espectador.

- **Montaje/edición:** Organización de las escenas para generar ritmo, emoción y continuidad narrativa.

- **Iluminación y color:** Herramientas clave para crear atmósferas y reforzar el significado de las escenas.

- **Sonido y música:** Potencian la inmersión y la carga emocional de la historia.

Anexamos una tabla con los principales encuadres o planos básicos que es necesario conocer para facilitar la narrativa de un guion técnico. Hemos tomado como escala de referencia (escala completamente arbitraria) la figura humana. Se incluyen términos en inglés ya que gran parte de productores y empresas del ramo, así lo manejan.

Nomenclatura: Planos

Abreviaturas	Nombre	Abreviaturas en inglés	Descripción
PPP	Primerísimo Primer Plano/Gran Primer Plano	XCU Extreme Close Up	Plano detalle Lente cerrada Cerca objeto/sujeto
PP	Primer Plano	CU Close Up	La cara
PC	Plano Corto 1/4	MCU Medium Close Up	Pecho hacia arriba
PM	Plano Medio 1/2	MSH Medium Shot	Cintura hacia arriba
PML	Plano Americano 3/4	MLSH Medium Long Shot	Rodillas hacia arriba
PG	Plano General 4/4	LSH Long Shot	Cuerpo completo
Panorámica	Panorámica	XLSH Extreme Long Shot	Mayor lejanía de lente: del sujeto u objeto y lente mayor apertura
P2	Plano de dos	Two Shot	Encuadre de dos personas
SH	Sobre hombro	Over the Shoulder	Sobre el hombro
	Cruce de Planos	Chris/Cross	Cruce de planos

Es necesario considerar la proporción de la pantalla o "relación de aspecto" que es la forma de pantalla para el que se va a enmarcar: puede ser standard (4:3) o HDTV Widescreen Digital (16:9) Panorámico Americano. Cinemascope o Panavisión Amorfino. Incluir ahora los de las redes sociales (9:16) para móviles, etc.

Considerar que hay que agudizar los sentidos y ajustar algunos principios estéticos a los requerimientos específicos de cada formato.

Es un tópico amplio que requiere un espacio extenso, queda pendiente el desarrollo total de este tema, donde se describan los movimientos, perspectivas y las innumerables herramientas y efectos disponibles para traducir las maravillosas ideas de los talentosos guionistas en imágenes. Esta disciplina corresponde al tema general de la producción de televisión y producción cinematográfica.

El proceso de escritura de guiones es, en gran medida, un proceso de reescritura. Los primeros borradores rara vez son perfectos, y la capacidad de aceptar la crítica, ajustar detalles y mejorar constantemente es lo que convierte una idea inicial en una obra maestra.

Capítulo 6

DISEÑO DE PRODUCCIÓN

> Lo bueno del cine es que durante dos horas
> los problemas son de otros.
> **Pedro Ruiz**
> Humorista y escritor español

Por: Gilberto Mauricio Romero

Una carpeta de producción es el primer paso para transformar una idea en un producto audiovisual tangible. En este contexto, la propuesta creativa es el corazón del documento; es la manifestación escrita de la visión artística y conceptual del proyecto.

Esta sección debe capturar la esencia de la obra y convencer tanto a inversores como a colaboradores de su viabilidad y originalidad.

Importancia y Objetivos:

La propuesta creativa tiene múltiples objetivos:
· Comunicar la visión artística: Debe dejar claro el tono, el estilo y el universo narrativo.
· Persuadir a los involucrados: Inversores, productores y talentos deben sentir que el proyecto tiene un potencial único.

· Establecer un marco referencial: Sirve de guía para el equipo creativo, asegurando que todas las decisiones posteriores estén alineadas con la idea original.

El cine: una maravillosa mezcla de arte, técnica y talento.

Estructura y ejemplos:

1. Logline:

Es una oración breve y poderosa que resume la premisa central del proyecto.

Ejemplo: "En un mundo donde los recuerdos pueden ser borrados y vendidos, una mujer lucha por recuperar su identidad antes de que desaparezca para siempre."
Este logline, conciso y evocador, deja al lector con una idea clara del conflicto y el tono.

2. Sinopsis:

Aquí se desarrolla el argumento principal en un resumen de una o dos páginas.

Se introducen personajes clave, el conflicto y se deja entrever la evolución de la trama sin revelar todos los giros.

Ejemplo práctico: Imagina un thriller psicológico en el que la protagonista, una periodista, descubre una conspiración que involucra tecnología de manipulación mental. La sinopsis detallaría brevemente cómo investiga casos extraños, enfrentándose a poderosos intereses y conflictos internos que la llevan a cuestionar su propia memoria.

3. Justificación y Visión del Autor:
El autor expone las motivaciones personales y artísticas para contar esta historia.

Ejemplo: "Esta historia nace de mi fascinación por la fragilidad de la memoria y el impacto de la tecnología en nuestras vidas. Con ella, pretendo explorar cómo la identidad se construye y se deconstruye en un mundo digital."
Se incluye un análisis del contexto social y cultural, justificando la relevancia del tema en el momento actual.
Referencias Estéticas y Tonanles

4. Referencias Estéticas y Tonales:
Se incluyen moodboards, bocetos o referencias a obras similares para dar una idea visual del proyecto.

Ejemplo: Se puede referenciar el uso del color y la luz en películas como Blade Runner o Her, para sugerir una atmósfera futurista y melancólica, acompañada de imágenes y paletas de colores que apoyen esta visión.

5. Desarrollo de Personajes:
Se describen brevemente los personajes principales, sus arcos y relaciones.

Ejemplo: La protagonista, Ana, es una mujer de mediana edad con un pasado misterioso.
Su evolución se centra en la lucha interna por redescubrir quién es, mientras interactúa con personajes secundarios que simbolizan diferentes

aspectos de la memoria colectiva.

6. Público Objetivo y Mercado:

Se identifica el perfil demográfico y psicográfico del espectador ideal, analizando tendencias de mercado y posibles plataformas de distribución.

Ejemplo: "El proyecto está dirigido a adultos jóvenes y de mediana edad, interesados en dramas psicológicos con tintes de ciencia ficción, con potencial para plataformas de streaming que buscan contenidos originales y de alto valor narrativo."

7. Formato y Género:

Se especifica si se trata de una película, serie, documental, etc., y se define el género.

Ejemplo: "Película de 100 minutos en el género de thriller psicológico, con elementos de ciencia ficción y drama humano."

8. Guion y Tratamiento:

Aunque no se incluye un guion completo, se ofrece un tratamiento narrativo que estructure la historia en actos, resaltando los puntos de inflexión.

Ejemplo: Se presenta un esquema en tres actos: introducción (la vida rutinaria de Ana y el primer indicio de la conspiración), desarrollo (investigación y enfrentamiento a poderes ocultos) y clímax/desenlace (la confrontación final y la recuperación de su identidad).

Conclusión del Capítulo

Una propuesta creativa bien elaborada no solo sienta las bases de la producción, sino que también inspira al equipo y atrae a posibles inversores. Su claridad, acompañada de ejemplos concretos y un análisis profundo del contexto, es fundamental para diferenciar un proyecto en el competitivo mundo audiovisual.

Capítulo 7

LA PROPUESTA DE FOTOGRAFÍA EN UNA CARPETA DE PRODUCCIÓN

Por: Gilberto Mauricio Romero

La fotografía es el arte de contar historias a través de la imagen, y en una carpeta de producción, la propuesta de fotografía define la estética visual del proyecto. Es el esqueleto visual que apoyará la narrativa y generará una atmósfera única.

Objetivos y Función

La propuesta fotográfica cumple varios roles:
- Definir el estilo visual: Establece la paleta de colores, la iluminación y la composición de los planos.
- Comunicar emociones: Cada elección estética debe resonar con el tono narrativo, a sea para crear tensión, melancolía o dinamismo.
- Unificar la visión del director y del equipo técnico: Garantiza que todos tengan una referencia común para lograr coherencia en cada escena.

Elementos y Ejemplos

1. Estilo Visual:

Se describe la identidad estética del proyecto, inspirándose en corrientes artísticas o en películas icónicas.

Ejemplo: "Inspirado en el expresionismo alemán, se utilizarán contrastes fuertes y sombras marcadas para evocar un ambiente inquietante y misterioso."

2. Paleta de Colores:

La selección de colores predomina en la narrativa y ayuda a evocar emociones específicas.

Ejemplo: Una paleta que combine azules profundos y grises, acentuada con toques de naranja para resaltar momentos de clímax, como se observa en películas de cine negro moderno.

3. Iluminación:

Se explica el tratamiento de la luz y la sombra.

Ejemplo: En escenas nocturnas, se optará por iluminación artificial con luces puntuales para crear atmósferas claustrofóbicas, mientras que en escenas diurnas se aprovechará la luz natural para resaltar la crudeza del entorno urbano.

4. Composición y Encuadres:

Se detalla el uso de planos fijos, dinámicos y la dirección de la cámara.

Ejemplo: "Se emplearán planos cenitales para transmitir la soledad del protagonista y planos en movimiento para enfatizar la tensión en momentos críticos."

5. Referencias Fotográficas:

Se incluyen imágenes y ejemplos visuales que sirvan como inspiración.

Ejemplo: Referencias a obras de fotógrafos como Gregory Crewdson y escenas icónicas de películas como Drive de Nicolas Winding Refn, que muestran una estética cuidada y cinematográfica.

Cada obra cinematográfica es un gran reto, con características únicas y específicas. Es arte en su máxima expresión.

Caso Práctico

Para ilustrar, imagina un proyecto de suspense urbano. El director de fotografía crea un moodboard que combina imágenes de calles lluviosas, luces de neón y sombras profundas, lo que establece una atmósfera única que se alinea con la narrativa de un detective solitario en una ciudad corrupta.

Conclusión del capítulo

Una propuesta de fotografía bien definida es fundamental para lograr la cohesión estética y para reforzar la narrativa. Cada decisión visual – desde la iluminación hasta la composición – debe estar fundamentada en el tono del proyecto, garantizando una experiencia visual que complemente la historia.

Contraluz. Técnica de gran valor artístico en la producción de cine y la televisión.

Capítulo 8

EL DISEÑO SONORO EN UNA CARPETA DE PRODUCCIÓN

A través del cine, podemos mirar hacia atrás y comprender cómo hemos evolucionado como sociedad.

Por Gilberto Mauricio Romero

El diseño sonoro es el arte de utilizar el sonido para enriquecer la experiencia narrativa.

Más allá de la música, abarca efectos, ambientes y silencios que, en conjunto, crean una atmósfera inmersiva.

Función y objetivos

El diseño sonoro tiene el poder de:
· Aumentar la inmersión: Los sonidos ambientales y efectos sonoros transportan al espectador al universo del film.
· Reflejar emociones: La música y los efectos pueden intensificar la tensión, la tristeza o la alegría de cada escena.
· Unir la narrativa: El uso coherente del sonido refuerza el ritmo y la continuidad de la historia.

El micrófono: herramienta básica para la captación del sonido, materia parima de la cinta sonora.

El micrófono: herramienta básica para la captación del sonido, materia parima de la cinta sonora.

Elementos y Ejemplos:

1. Paisaje Sonoro:
Se detalla la ambientación auditiva que acompañará cada escena.

Ejemplo:
"En una escena de persecución en una ciudad, se utilizarán sonidos urbano como el ruido de la lluvia, el murmullo del tráfico y ecos distantes, creando un atmósfera de urgencia y caos."

2. Estilo Musical:
Se define si la banda sonora será original, compuesta o seleccionada, y cómo se integrará en la narrativa.

Ejemplo:
"Una composición original que combine sintetizadores y cuerdas, inspirada en bandas sonoras de cine de suspense, para enfatizar la dualidad entre modernidad y melancolía."

3. Uso del Silencio:
El silencio se emplea como recurso dramático.

Ejemplo:
"En el clímax de una escena emocional, el silencio repentino se utiliza para aumentar la tensión y centrar la atención en la actuación del protagonista."

4. Diseño de Efectos Sonoros:
Se especifican los efectos necesarios para complementar la narrativa.

Ejemplo:
Desde sonidos diegéticos como pasos en un pasillo hasta efectos abstractos que simbolicen emociones internas, cada efecto se mapea a momentos clave de la historia.

5. Referencias Sonoras:
Se citan ejemplos de bandas sonoras y composiciones musicales que servirán de inspiración.

Ejemplo:
Se pueden incluir referencias a composiciones de Hans Zimmer o Trent Reznor, conocidos por crear atmósferas sonoras que potencian la narrativa cinematográfica.

*La cinta sonora, pieza clave del éxito
de una obra cinematográfica.*

Caso Práctico

Para un drama psicológico, el diseñador sonoro elabora una propuesta en la que se planifica el uso progresivo de sonidos ambientales que evolucionan con el estado emocional de la protagonista. Se combinan pausas estratégicas con una banda sonora mínima, logrando una experiencia auditiva que profundiza en la narrativa interna del personaje.

Conclusión del capítulo

El diseño sonoro es esencial para lograr una experiencia audiovisual completa. Una propuesta detallada que incluya ejemplos claros y una planificación meticulosa permite
que cada sonido, desde el más sutil hasta el más contundente, se convierta en un elemento narrativo que enriquezca la obra.

Homenaje a quienes han contribuido con la creación de obras musicales épicas y que han hecho historia viviendo en el imaginario colectivo.

Capítulo 9
EL PRESUPUESTO
DE UNA CARPETA DE PRODUCCIÓN

**A través del cine, podemos mirar hacia atrás
y comprender cómo hemos evolucionado como sociedad.**

Por Gilberto Mauricio Romero

El presupuesto es una herramienta vital para planificar y gestionar los recursos financieros de un proyecto audiovisual. Un presupuesto detallado y estructurado con códigos numéricos facilita el seguimiento contable y aporta transparencia a la gestión.

Objetivos del Presupuesto:

· Planificación Financiera: Permite anticipar los costos en cada fase de la producción.
· Control y Auditoría: Facilita el seguimiento de gastos y la rendición de cuentas a inversores.
· Toma de Decisiones: Proporciona una visión clara para ajustar recursos y prever contingencias.

Formato Común y Ejemplo Detallado

El presupuesto se suele dividir en categorías generales que a su vez se desglosan en cuentas y subcuentas. A continuación, se presenta un ejemplo detallado con códigos numéricos:

CODIGO	CATEGORÍA	DESCRIPCIÓN	COSTO ESTIMADO
	Preproducción		
1100	Desarrollo		
1110		Guión	$10,000.
1120		Investigación	$3,000.
1200	Planificación		
1210		Casting	$3,000.
1220		Scouting de Locaciones	$1,500.
2000	Producción		
2100	Personal		
2110		Director	$30,000.
2120		Actores Principales	$30,000.
2130		Equipo Técnico	$8,000.
2200	Equipamiento		
2210		Alquiler de Cámaras	$5,000.
2220		Iluminación y Sonido	$3,000.
2300	Locaciones		
2310		Alquiler de Espacios	$3,500.
2320		Permisos de Filmación	$500.
3000	Postproducción		
3100	Edición		
3110		Montaje de Video	$12,000.
3120		Efectos Visuales	$2,500.
3200	Sonido		
3210		Diseño Sonoro	$2,500.
3220		Composición Musical	$4,500.
4000	Distribución		
4100	Marketing		
4110		Publicidad	$17,000.
4120		Diseño de Materiales Promocionales	$3,000.
4200	Festivales		
4210		Inscripción a Festivales	$4,000.
4220		Viáticos y Relaciones Públicas	$5,000.
5000	Contingencias		
5100	Imprevistos		
5110		Fondo emergencias	$2,000.
		TOTAL GENERAL	**$150,000.**

Ejemplo Práctico de Uso

Imagina un proyecto de 80 minutos de duración. Con este presupuesto, cada fase se financia de manera transparente. Por ejemplo, en preproducción se destinan $5,000 para la elaboración del guion y casting, mientras que la fase de producción absorbe $20,000 para cubrir salarios y alquileres. La claridad de los códigos facilita la revisión por parte de auditores y ayuda a tomar decisiones cuando surgen imprevistos.

Conclusión del capítulo

Un presupuesto detallado no es solo una lista de números, sino una herramienta estratégica. La estructura con códigos numéricos permite el control financiero y asegura que cada partida se asigne de forma coherente, minimizando riesgos y fortaleciendo la credibilidad del proyecto ante posibles financiadores.

Capítulo 12

PLANIFICACIÓN Y CRONORAMA DE LA PRODUCCIÓN

Por: Gilberto Mauricio Romero

La planificación y el cronograma son fundamentales para coordinar las distintas etapas de la producción audiovisual. Un cronograma bien estructurado permite distribuir el trabajo de manera eficiente y asegurar que cada fase se cumpla en tiempo y forma.

Importancia de la Planificación

- Coordinación de Equipos: Facilita la asignación de tareas y la sincronización entre departamentos (guion, rodaje, postproducción).
- Control de Plazos: Permite anticipar retrasos y gestionar imprevistos.
- Optimización de Recursos: Asegura que se utilicen eficientemente los equipos y el personal disponible.

Elementos del Cronograma

1. Preproducción:
Se planifican actividades como elaboración del guion, scouting de locaciones,

casting y reuniones de preproducción.

Ejemplo:
Un cronograma puede establecer 4 semanas para la preproducción, con reuniones semanales y puntos de control para revisar avances en el guion y selección de locaciones.

2. Producción:
Aquí se definen las fechas de rodaje, se asignan tareas diarias y se coordinan ensayos y grabaciones.

Ejemplo:
En un rodaje de 20 días, se asignan días específicos para escenas de interior y exterior, optimizando el uso de locaciones y equipos.

3. Postproducción:
Se planifica la edición, efectos visuales, corrección de color y diseño sonoro.

Ejemplo:
Un período de 6 a 8 semanas para la postproducción, con entregas parciales para revisión y ajustes.

4. Distribución y Marketing:
Se coordinan fechas para el lanzamiento, participación en festivales y campañas promocionales.

Ejemplo:
Un cronograma que reserve 4 semanas previas al estreno para acciones de marketing digital y eventos de prensa.

Herramientas y Ejemplos Prácticos.

El uso de herramientas digitales, como software de gestión de proyectos (por ejemplo, Trello o Microsoft

Project), facilita la visualización del cronograma y la coordinación entre equipos. Se pueden utilizar diagramas de Gantt que ilustren las dependencias entre tareas y permitan ajustar plazos de manera dinámica.

Conclusión del capítulo

Una planificación detallada es el eslabón que une cada fase de la producción. Un cronograma bien definido no solo reduce el estrés del equipo, sino que también maximiza la eficiencia en el uso de recursos, asegurando que el proyecto se desarrolle sin contratiempos y cumpla con los plazos establecidos.

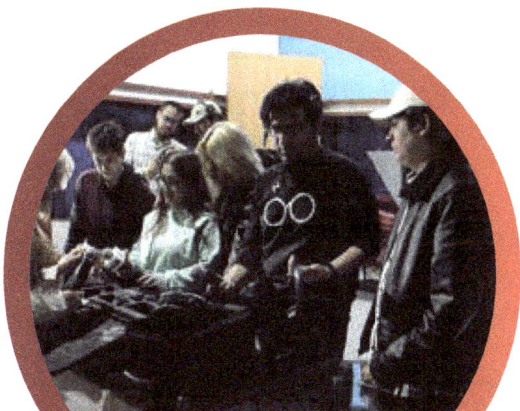

Capítulo 11

CAPITAL HUMANO

"La civilización democrática se salvará únicamente
si hace del lenguaje de la imagen una provocación
a la reflexión crítica",

Umberto Eco

Por: Verónica Ofelia Lozano

La realización de un producto audiovisual requiere de un equipo especializado que trabaja en distintas áreas para llevar a cabo la producción.

Es un equipo de profesionales organizados en distintos departamentos, cada uno con funciones específicas, de acuerdo a sus conocimientos, habilidades y destrezas. A continuación, el organigrama típico y la descripción de los principales puestos.

Organigrama del equipo de producción audiovisual

El organigrama de una producción audiovisual puede dividirse en tres grandes áreas según los puestos a ocupar/las tareas a desempeñar:

Dirección y Producción, Departamento Técnico y Departamento Artístico. Cada área conforma su propio equipo de trabajo con roles específicos.

1. **Dirección y Producción creativos y administrativos**
Encargados de la gestión, organización y ejecución del proyecto.

   - **Productor:** Responsable de la financiación, planificación y logística de la producción.

   - **Productor ejecutivo:** Supervisa la producción y asegura la inversión del proyecto.

   - **Director:** Responsable de la visión artística y narrativa de la película o programa.

   - **Asistente de dirección:** Apoya al director en la planificación de las escenas y organización del rodaje.

   - **Coordinador de producción:** Maneja la logística y el calendario de filmación.

   - **Guionista:** Escribe la historia, diálogos y estructura narrativa.

   - **Director/a de casting:** Selecciona a los actores adecuados para los personajes.

   - **Director/a de fotografía:** Diseña la iluminación y encuadres junto con el director.

   - **Director/a de arte:** Define la estética visual, decorados y vestuario

*"Como el escritor necesita una pluma y el pintor un pincel,
así el cineasta necesita un ejercito".*
Orson Wells
Cineasta.

2. Departamento Técnico: CREW
Encargado de la parte operativa y tecnológica de la producción.

- **Director de fotografía (DF):** responsable del aspecto visual; iluminación y lenguaje televisivo o cinematográfico.

- **Camarógrafo:** Maneja la cámara siguiendo las indicaciones del DF.

- **Sonidista:** Graba y mezcla el sonido en la producción.

- **Director de arte:** Diseña el estilo visual, decorados   y ambientación.

- **Vestuarista:** Diseña y selecciona el vestuario de los personajes.

- **Maquillador y peluquero:** Responsable del maquillaje y peinado de los actores.

- **Editor de video:** Ensambla las escenas y da ritmo a la narración en postproducción.

3. Departamento Artístico: cast and crowd
Conformado por los talentos que aparecen en pantalla.

- **Actores y actrices:** Interpretan los roles dentro de la historia.

- **Extras o figurantes:** Aparecen en escenas sin un papel protagónico.

Funcionamiento del equipo

El capital humano como en toda organización es el activo más valioso. En el caso de una producción televisiva o cinematográfica se organiza por tiempos, un abordaje diferente, es decir el trabajo se distribuye en varias etapas:

1. Desarrollo:
Creación de la historia y planificación.

2. Preproducción: Definición de presupuesto, casting, locaciones y logística.

3. Producción: Rodaje. Grabación o filmación del contenido.

4. Postproducción: Edición, montaje, efectos visuales y sonoros.

5. Distribución y exhibición: Estreno en cines, plataformas digitales

Este organigrama es muy básico, el número de personal se define de acuerdo a la complejidad y presupuesto del proyecto audiovisual. Es indispensable contar con un área especializada en atender el capital humano para garantizar sus derechos y establecer obligaciones, además de construir y mantener un clima laboral adecuado para la consecución de los

CONCLUSIONES Y PROYECCIONES FUTURAS

Por: Gilberto Mauricio Romero

El cierre de la carpeta de producción es tan importante como su elaboración. En este capítulo se recapitulan los puntos clave y se ofrecen perspectivas sobre el futuro del proyecto y de la industria.

Recapitulación de los Elementos Clave

- **Propuesta Creativa:** La base del proyecto, donde se plasma la visión artística y narrativa.

- **Propuesta de Fotografía y Diseño Sonoro:** Los pilares estéticos que definen la atmósfera y la experiencia del espectador.

- **Presupuesto Detallado:** La planificación financiera que asegura la viabilidad del proyecto.

- **Planificación y Cronograma:** La organización temporal que garantiza la ejecución coordinada.

- **Aspectos Legales y Permisos:** La estructura legal que protege la integridad y la inversión.

- **Estrategias de Distribución y Marketing:** El plan para conectar con la audiencia y maximizar el impacto comercial.

Proyecciones Futuras

La industria audiovisual se encuentra en constante evolución, impulsada por avances tecnológicos y cambios en las plataformas de distribución. Algunas tendencias a considerar:

- **Nuevos Formatos y Tecnologías:** La realidad virtual, el streaming en 4K/8K y experiencias interactivas están redefiniendo la narrativa audiovisual.

- **Modelos de Distribución Híbridos:** La combinación de lanzamientos en cines y plataformas digitales se convertirá en la norma, ampliando el alcance de los proyectos.

- **Sostenibilidad y Responsabilidad Social:** Cada vez más, las producciones integran prácticas sostenibles y mensajes que aborden problemáticas actuales, generando un impacto positivo en la sociedad.

Conclusión

El camino desde la concepción de una idea hasta la realización de un proyecto audiovisual es complejo y multifacético. La carpeta de producción, cuando se elabora de manera integral y detallada, se transforma en la herramienta que une la creatividad con la gestión práctica y financiera. Este libro ha ofrecido una visión completa de los elementos críticos – desde la propuesta creativa hasta la estrategia de marketing – que hacen posible la materialización de una visión única. Con la evolución constante del sector, es fundamental mantenerse actualizado y adaptable, siempre buscando innovar y contar historias que conecten de manera profunda con el público.

Semblanza
Verónica O. Lozano

Verónica Ofelia Lozano Sandoval. Licenciada en Ciencias de la Comunicación por la Universidad de Texas, US. Acredita una Maestría en Administración por la Universidad Autónoma de Chihuahua y es maestrante de Periodismo Político por la Escuela de Periodismo Carlos Septién García.

Destaca su experiencia laboral en medios de comunicación electrónica -radio y televisión- tanto en México como en Estados Unidos, sobre todo en el área de noticiarios. Trabajó en XHIJ TV Canal 44 en Ciudad Juárez, experiencia que marcó su vida profesional por los momentos políticos que se vivieron en ese entonces en el país, la alternancia en el poder.

En sus inicios; la radio enriqueció su experiencia con la corresponsalía de NPR (National Public Radio, US) cubriendo temas de México y América Latina, así mismo, trabajó en KXCR, KTEP (UTEP), Noticiario Latino (Fresno, California), Radio Net (CDJZ) y Telemundo (CDJZ). Produjo el programa "Nuestra Imagen", periodismo analítico e investigación y "Sin Maquillaje, un coloquio entre mujeres" en la radio. Ocupó diversos cargos directivos en el sector público.

Actualmente: catedrática en la Facultad de Ciencias Políticas y Sociales de la UACH.

Es autora del libro "Sororidad, periodismo con ojos de mujer" y coautora de "La política es asunto de mujeres". Ha publicado en revistas internacionales, con los temas de mujer y participación política.

Semblanza
Gilberto Mauricio Romero

Gilberto Mauricio Romero, fundador de la Academia de Cine Kinemática en Ciudad Juárez, Chihuahua en el año 2020.

Es Licenciado en Contaduría por el Instituto Tecnológico de Ciudad Juárez y cuenta con una licenciatura en Dirección de Cine. Se ha desempeñado en las últimas dos décadas en la producción de contenidos audiovisuales para cine, televisión y medios digitales, destacando su participación en la función pública como productor para varios gobiernos.
Ha sido galardonado por su trabajo excepcional. En el 2023 recibió el Premio por el Mejor Documental otorgado por el Senado de la República con el proyecto "Historias de la Frontera Norte". Director del documental "La Farsa", registrando mas de 2 millones de reproducciones y entrevistas en medios nacionales. Director del documental "Hijos de la Violencia" entre otros trabajos de ficción.

Semblanza
Heber Chávez

Heber Chávez es un cineasta, guionista, actor, productor y gestor cultural mexicano nacido en Ciudad Juárez, con un fuerte compromiso con la educación artística y la producción cinematográfica en México. Actualmente es director administrativo de Kinemática, trabajando en la formación de actores y cineastas.

Con estudios en derecho y políticas públicas por la Universidad Autónoma de Ciudad Juárez, Heber ha complementado su formación con múltiples diplomados en cinematografía, actuación y producción audiovisual. Su preparación incluye certificaciones en creación cinematográfica y negocios fílmicos, así como especialización en guion para cine y televisión. Su enfoque integral le ha permitido desenvolverse tanto en la dirección de proyectos artísticos como en la gestión y distribución de producciones cinematográficas.

Como guionista y director, su trabajo se centra en la exploración de la identidad, la memoria y las dinámicas sociales. Actualmente se encuentra en el desarrollo de su primer largometraje de ficción, Otakus: La cultura nos pertenece. También ha dirigido y escrito los cortometrajes El performance y Ecos de familia.

En su faceta de actor, ha participado en diversas producciones audiovisuales y teatrales, destacando en cortometrajes como En la Cantina y en el monólogo El cuervo.

Heber también ha trabajado relaciones públicas y la distribución de proyectos cinematográficos, colaborando con Raké Ami Films y gestionando la difusión de largometrajes y cortometrajes en festivales y redes.

Además de su labor en cine, Heber ha incursionado en la escritura de artículos y ensayos sobre cine, política y sociedad, y ha participado como panelista en foros nacionales e internacionales.

CHECKLIST DE FLUJO DE TRABAJO AUDIOVISUAL – CORTOMETRAJE PROFESIONAL

El proceso de Producción de televisión o cine es complejo y laborioso, sobre todo, que al ser un trabajo de equipo debe planearse y organizarse desde la vista panorámica de lo que se quiere lograr, hasta el detalle fino y minucioso que cada miembro del staff debe realizar. Para ello te compartimos una lista de pasos o "check list" de tareas que te puede guiar para enfrentar retos y alcanzar metas

PREPRODUCCIÓN

- ☐ Guion literario terminado y autorizado como factible.
- ☐ Guion técnico elaborado (planos, sonidos, movimientos de cámara)
- ☐ Storyboard o shooting board dibujado
- ☐ Plan de rodaje con fechas, locaciones y tiempos
- ☐ Shot list (lista de tomas) organizada por escena
- ☐ Casting y ensayos realizados
- Contratación del personal: creativo, técnico, actores, etc.
- ☐ Locaciones aseguradas y permisos gestionados
- ☐ Pruebas de cámara (exposición, color) realizadas
- ☐ Pruebas de audio (micrófonos, niveles) hechas
- ☐ Todo el equipo técnico verificado (cámaras, monitores, baterías, tarjetas, luces, cables, adaptadores, tripiés, etc.)

PRODUCCIÓN / RODAJE

- ☐ Configurar cámara:
  - Resolución (ejemplo:4K o superior)
  - 24 fps (cine) o 60 fps (slow motion)
    30 fps televisión.
  - ProRes / RAW o Log activado
- ☐ Grabar audio profesional
  (micrófonos, grabadora externa)
- ☐ Usar claqueta o sincronización clara
- ☐ Revisar cada toma después de grabarla
- ☐ Grabar planos múltiples
  (general, medio, detalle, recursos)
- ☐ Respaldo diario del material grabado
  (mínimo en 2 lugares)
- ☐ Anotar bitácora de rodaje

POSTPRODUCCIÓN

- ☐ Organización de material:
  - Crear carpetas por tipo:
  Footage / Audio / Proxies / Proyecto / Exports
  - Nombrar archivos por escena y toma
- ☐ Edición:
  - Ensamblaje de escenas (rough cut)
  - Revisión narrativa (final cut)
  - Sincronizar audio externo (si aplica)
  - Incluir transiciones y efectos necesarios
- ☐ Corrección de color:
  - Corregir exposición y balance de blancos
  - Aplicar color grading (estética deseada)
- ☐ Sonido:
  - Limpiar diálogos (ruido, clics, pops)
  - Añadir ambientes y efectos sonoros
  - Insertar música original o con derechos
  - Mezclar niveles: voz, música, efectos
- ☐ Subtítulos y créditos:
  - Subtítulos si es necesario
  - Créditos iniciales y finales
  - Insertar logos de apoyo institucional

EXPORTACIÓN
- ☐ Exportar máster
- ☐ Exportar versión comprimida.
  (Ej. MP4 H.264) (YouTube / distribución)
- ☐ Subtítulos en archivo .SRT
- ☐ Hacer copia de seguridad de todo el proyecto

DISTRIBUCIÓN
- ☐ Subida a plataformas:
  YouTube / Vimeo / sitio web
- ☐ Registro en plataformas de festivales
  (Ej. FilmFreeway, Festhome)
- ☐ Crear Paquete de relaciones públicas o prensa
  "press kit" (sinopsis, ficha técnica, póster, trailer,
  fotos)
- ☐ Preparar proyección o presentación en salas de
  cine, universidades, escuelas / foros / festivales

REFERENCIAS

Conceptos Generales

Alonso Falcón, R., & Romero Reyes, R. (2017). Medios, internet y nuevas tecnologías. Ocean Sur.

Cancho García, N. E., & García Torres, M. A. (2017). Planificación de proyectos audiovisuales. Alfaomega.

Filak, V. F. (2022). Dynamics of media writing: Adapt and connect. SAGE.

Miguel de Moragas, M., Beale, A., Dahlgren, P., Eco, U., Fitch, T., Gasser, U., & Majó, J. (2012). La comunicación: De los orígenes a Internet. Gedisa.

Miguel de Moragas, M., Beale, A., Dahlgren, P., Eco, U., Fitch, T., Gasser, U., & Majó, J. (2012). La comunicación de los orígenes a Internet. Gedisa.

Ortiz, I., Vigeue, J., Jofre Verntallat, L., Carrillo, G., Carrillo, G., & Arizmendi, A. (2021). Video digital. Todo Foto Tikal.

Villamil, J. (2017). La rebelión de las audiencias. Grijalbo.

Zettl, H. (2010). Manual de producción de televisión. Cengage Learning.

REFERENCIAS

¿Como llegamos hasta aquí?

Alonso Falcón, R., & Romero Reyes, R. (2017). Medios, internet y nuevas tecnologías. Ocean Sur.

Cancho García, N. E., & García Torres, M. A. (2017). Planificación de proyectos audiovisuales. Alfaomega.

Filak, V. F. (2022). Dynamics of media writing: Adapt and connect. SAGE.

Miguel de Moragas, M., Beale, A., Dahlgren,P.,Eco, U., Gasser, U., Majó, J., & Fitch, T. (2012). La comunicación: De los orígenes a Internet. Gedisa.

Miguel de Moragas, M., Beale, A., Dahlgren, P., Eco, U., Fitch, T., Gasser, U., & Majó, J. (2012). La comunicación de los orígenes a Internet. Gedisa.

Ortiz, I., Vigeue, J., Jofre Verntallat, L., Carrillo, G., Carrillo, G., & Arizmendi, A. (2021). Video digital. Todo Foto Tikal.

Villamil, J. (2017). La rebelión de las audiencias. Grijalbo.

Zettl, H. (2010). Manual de producción de televisión. Cengage Learning.

REFERENCIAS

El Guión

Cancho García, N. E., & García Torres, M. A. (2017). Planificación de proyectos audiovisuales. Alfaomega.

Filak, V. F. (2022). Dynamics of media writing: Adapt and connect. SAGE.

Linares, M. J. (2002). El guión. Pearson Prentice Hall.

Ortiz, I., Vigeue, J., Jofre Verntallat, L., Carrillo, G., Carrillo, G., & Arizmendi, A. (2021). Video digital. Todo Foto Tikal.

Rizzo, M. (2007). Manual de dirección artística cinematográfica. Omega.

Robert Edgar-Hunt, Marland, J., & Richards, J. (2014). Guión: Basic filmmaking screenwriter. Parramón Arte & Design.

Zettl, H. (2010). Manual de producción de televisión. Cengage Learning.

REFERENCIAS

Por: Gilberto Mauricio Romero

Adelman, K. (2005). Cómo se hace un cortometraje: Cómo convertirse en un director con un gran futuro profesional. Ediciones Robinbook.

Barnwell, J. (2004). Production design: Architects of the screen (Short Cuts). Wallflower Press.

Bestard Luciano, M. (2011). Realización audiovisual. Editorial UOC.

Carpeta de producción: Una guía práctica. (2019). [Documento digital]. UNAM. https://ru.dgb.unam.mx/bit-stream/20.500.14330/TES01000695171/3/0695171.pdf

Casas, A. (2005). Producción cinematográfica. Cuadernos de Estudios Cinematográficos, No. 3, UNAM.

Chion, M. (1993). La audiovisión. Paidós.

Chion, M. (1997). La música en el cine. Paidós.

Chion, M. (2001). El arte de los sonidos fijados. Radio Fontana Mix.

Editorial GG. (2024). Editorial GG: Historia y catálogo. [URL de la editorial, si aplica].

Evidence [Fotolibro]. (2024). Larry Sultan & Mike Mandel. D.A.P.

Fernández Díez, F., & Barco García, C. (2009). Producción cinematográfica: Del proyecto al producto. Ediciones Díaz de Santos.

Lamarca, M., & Valenzuela, J. I. (2008). Cómo crear una película: Anatomía de una profesión. T&B editores.

Lobrutto, V. (2002). The filmmaker's guide to production design. Allworth Press.

López Izquierdo, J. (2009). Teoría del guión cinematográfico: Lectura y escritura. Editorial Síntesis.

Los mejores libros de fotografía de 2024. (2024, 19 de diciembre). El País. https://elpais.com/babelia/2024-12-19/los-mejores-libros-de-fotografia-de-2024.html

Lüdi, H., & Ludi, T. (2000). Movie worlds: Production design in film. Axel Menges.

Manual de producción audiovisual. (2020). [Documento digital]. Sisec, México. https://sisec.cultura.df.gob.mx/pat/down-Files/F-1045-6205-3-MANUAL%20DE%20PRODUCCI%C3%93N_Completo_04_10_20.pdf

McKee, R. (2002). El guión: Sustancia, estructura, estilo y principios de la escritura de guiones. Alba.

Medellín, F. (2005). Cómo hacer televisión, cine y video. Editorial Paulinas.

Oria de Rueda Salguero, A. (2010). Para crear un cortometraje: Saber pensar, poder rodar. Editorial UOC.

Parent-Altier, D. (2005). Sobre el guión. La Marca.

Producción y realización en medios audiovisuales. (2020). [Informe]. CORE. https://core.ac.uk/download/pdf/154829311.pdf

Robert Edgar-Hunt, Marland, J., & Richards, J. (2014). Guión: Basic filmmaking screenwriter. Parramón Arte & Design.

Rizzo, M. (2007). Manual de dirección artística cinematográfica. Omega.

Sánchez-Escalonilla, A. (2001). Estrategias de guión cinematográfico. Ariel.

Tubau, D. (2015). La musa en el laboratorio: Invención y creatividad para guionistas y narradores. [Manual para la ECAM].

Vega Escalante, C. (2004). Manual de producción cinematográfica. UAM.

Worthington, C. (2009). Bases del cine 01: Producción. Parramón Ediciones.

Zamarripa Salas, A. (2012). Manual de producción audiovisual para diseñadores. UNAM.

REFERENCIAS

El Guión

Adelman, K. (2005). Cómo se hace un cortometraje: Cómo convertirse en un director con un gran futuro profesional. Barcelona: Ediciones Robinbook.

, P. (2018, 7 de septiembre). Marconi: La gesta del polémico creador de la radio. ABC Tecnología. https://www.abc.es

Cacelin, J. (2016, 16 de mayo). Sistema satelital mexicano: Un vistazo al desarrollo tecnológico en el país. Ciencia.mx. https://www.cienciamx.com/index-.php/ciencia/univer-so/6940-sistema-satelital-mexicano-un-vistazo-al-desarrollo-tecnologico-en-el-pais-reportaje

Cancho García, N. E., & García Torres, M. A. (2017). Planificación de proyectos audiovisuales. México: Alfaomega.

Dávila, H. E. (2018). Matemáticas y competencias básicas. Repositorio UNIANDES. https://repositorio.uniandes.edu.co/login

Fernández, R. R. (2016, 19 de mayo). Gran Capitán Foros Historia Militar. https://www.elgrancapitan.org/-foro/viewtopic.php?f=111&t=23161

Filak, V. F. (2022). Dynamics of media writing: Adapt and connect. California, EE.UU.: SAGE.

Freepik. (s.f.). Instagram nuevo icono. https://img.-freepik.com/vector-gratis/instagram-nuevo-icono_1057-2227.jpg

Glosario IT. (2024). Evolución de la informática. https://www.glosarioit.com/historias/Evoluci%C3%B3n_de_la_inform%C3%A1tica.html

Linares, M. J. (2002). El guión. Estado de México: Pearson Prentice Hall.

Miguel de Moragas, A., Beale, A., Dahlgren, P., Eco, U., Gasser, U., Majó, J., & Fitch, T. (2012). La comunicación: De los orígenes a Internet. Barcelona: Gedisa.

Miguel de Moragas, A., Beale, A., Dahlgren, P., Eco, U., Fitch, T., Gasser, U., & Majó, J. (2012). La comunicación de los orígenes a Internet. Barcelona: Gedisa.

Múnch, L. (2015). Administración de capital humano. En L. Múnch (Ed.), Administración de capital humano (p. 165). México: Trillas.

Myriamira. (s.f.). Colección logotipos redes sociales [imagen]. Freepik. https://www.freepik.es/vector-gratis/coleccion-logotipos-redes-sociales_10363321.htm

Navarro, J. A. (2013, 17 de noviembre). Zona TIC. https://informaticadeandarporcasa.blogspot.com/2013/11/

Ortiz, I., Vigeue, J., Jofre Verntallat, L., Carrillo, G., Carrillo, L., & Arizmendi, A. (2021). Video digital. Madrid: Todo Foto Tikal.

Randy Alonso Falcón, & Romero Reyes, R. (2017). Medios, internet y nuevas tecnologías. Colombia: Ocean Sur.

Reyes Montes, M. C., & Campodónico Anaya, M. A. (2012). Comunicación y nuevas tecnologías: El proceso de transición de televisión analógica a digital en México. Espacios Públicos, 15(34), 231–245.

Rizzo, M. (2007). Manual de dirección artística cinematográfica. España: Omega.

Robert Edgar-Hunt, Marland, J., & Richards, J. (2014). Guión: Basic filmmaking screenwriter. España: Parramón Arte & Design.

Salazar, C. R. (2024). Uso de la inteligencia artificial en documentos oficiales. La Ventana Ciudadana. https://laventanaciudadana.cl/uso-de-inteligencia-artificial-en-documentos-oficiales/

Social Futuro. (2024). Syncom 3: El primer satélite geoestacionario de comunicaciones. https://www.socialfuturo.com/tal-dia-como-hoy/syncom-3-el-primer-satelite-geostacionario-de-comunicaciones/

Symes, B. (1995). [Referencia incompleta – por favor verificar].

Tostado, V. (1995). Manual de producción de video. México: Alhambra Mexicana.

Villamil, J. (2017). La rebelión de las audiencias. México: Grijalbo.

Wikipedia. (s.f.). The Free Encyclopedia. https://es.wikipedia.org

Zetl, H. (2010). Manual de producción de televisión. Querétaro: CENGAGE Learning.

UNIVERSIDAD AUTÓNOMA DEL
CHIHUAHUA

KINEMÁTICA
Academia de Cinematografía